目的に合わない進化 上

Unfit for Purpose
When Human Evolution Collides
with the Modern World

アダム・ハート
by Adam Hart
柴田譲治 訳

進化と心身のミスマッチはなぜ起きる

原書房

目的に合わない進化　上

目次

下巻目次

序章

人間は驚くべき存在だ。そのことを忘れてはいけない。人間が目を見開き裸足で月を見つめていたのは、それほど昔のことではない。それがやがて月の岩石を手に取れるようになり、軌道上の人工衛星を介して地球上のどこにいる人とでも話ができるようになった。さらに天候を予測し、深海を探検し、超音速で移動し、想像を絶するような手術を可能にし、原子を分割し、宇宙そのものの基本構造まで理解するようになっている。日常的に自然のリズムの気まぐれに翻弄されて食物不足に悩まされることもない。動物の毛皮をまとう必要もなくなり、テクノロジーを駆使した快適な家から危険を冒して出てゆく必要もない。スマートフォン片手にソファに収まりながら世界をながめ、友人と会い、食品を注文し、最新の映画を見る。現代の偉大なる発明インターネットのおかげだ。こうして人間が自ら作り上げた世界の中だけで生活し、自然環境から断絶されて生きていると、わたしたちが実はブランケットを被っているだけの歩いておしゃべりをするサルに過ぎないことを忘れてしまう。人間は確かに驚くべき存在だが、同時に動物であり、地球上の他のあらゆる生物と同じように進化の紆余曲折の影響を受けている。

わたしたち人間が、自ら構築した二十一世紀の世界を生きる存在であることと、かつて自然環境の中で進化した動物であったこととの間には大きな隔たりがあり、その隔たりこそが本書の中心テーマになる。食習慣やフェイクニュースの出現など、現代的生活の驚くほど多様な側面を調べてみると、進化がわたしたちに与えてくれた能力に最も適した世界は現在のこの世界ではなく、実は大多数の人々にとってもはや存在しない世界であることがわかってくる。進化の遺産は現代世界と出会うことで、わたしたちを助けるのではなく著しい「目的不適合」をもたらしている。わたしたちが進化してきた遠い過去の世界と、現在の世界との不一致が、たとえば肥満危機を助長しているのである（第二章）。この過去と現代の不一致のおかげで、現代の食生活で多くの人が身体を壊してしまっている。これは進化がグローバリゼーション（第三章）の速度に追いつけないことにも起因する。人間は体内でともに進化し、わたしたちの健康を左右する重要な存在となったバクテリアとの間で非常に複雑な関係を発達させてきた（第四章）。一方、ストレス反応はわたしたちを守るために進化した仕組みだが、現代の生活では微小なストレス要因がひっきりなしに押し寄せ、この反応が逆にわたしたちの生命を脅かしている（第五章）。過去一〇年の間に、わたしたちの知り合いは数十人から何千人にもなり、わたしたちの脳はこうしたアップグレードに対応できていない（第六章）。わたしたち人間は異常に暴力的な哺乳類の一群から進化したのだが、確かにわたしたちは原始的な暴力で支配された社会を築き上げる進化的傾向性によって人類の遺産の大部分を生み出してきた（第七章）。嗜癖は、それ自体が暴力の原因となるが、それは現代世界の影響により脳の報酬系がハイジャックされた結果で、もともとは生存のために進化したものだが、今ではわたしたちを目眩《めまい》のするような危険な快楽へと向かわせている（第八章）。社会的動物として、人間は集団で行動するように進化し、他人を信頼し協力するようになったが、社会の進化によりわたしたちは絶望的なまでにだまされやすくなり、フェイクニュースや誤った信念の餌食となっている（第九章）。人間が原因となっている多くの環境問題を解決しなければならない切迫した状況にあって、最も心配なのは、利己的に進化してきたわたしたちは、未来について理性的な想像ができなくなっていることだ（第一〇章）。要するに、進化的遺産とわたしたちが形成してきた現代の環境との間の不適合によって、わたしたちはたいへん悲しむべき状態にある。どうしてこのような状態になったのかを解明し、またそうした状態から脱する手段を発見するためにも、まず進化の基本について理解しておく必要がある。

第一章　歩くおしゃべりサル

進化　入門編

　わたしたちの身体は細胞という基本的な要素が互いに結合することで、生物として機能している。人間の体内には皮膚細胞や肝細胞、神経細胞、筋肉細胞、小腸上皮細胞、骨細胞そして脂肪細胞など二〇〇種以上の細胞が存在する。これらの細胞が集まったものを「組織」といい、似たような細胞が集合することによって重要な機能を実現している。たとえば筋組織は収縮することができ、その作用を骨格（骨格も骨組織からなる）に加えることで身体を動かし、肺組織のおかげで酸素と二酸化炭素を交換できる。さらに様々な組織が集合して心臓や肺、胃、皮膚などの複雑な器官が形成され、生命維持に必要なすべての機能が実現されている。

およそ三〇兆個の細胞が組織化され（第四章参照）、生き、呼吸し、闘い、食べ、逃げ、繁殖し、歌い、ダンスができるのは、わたしたちの細胞内の分子間の相互作用がしっかり制御され、驚くほど多様な振り付けがされているからだ。食物を消化し、分子を変化させ、生きるために必要な機能を実現している化学反応のことを、総称して「代謝」と言う。こうした化学反応は適切な時に適切な場所で生じなければならず、さらにその反応速度は大き過ぎても小さ過ぎてもいけない。こうした組織とその制御をするため、細胞にはタンパク質の微小管と脂質の膜による複雑なネットワークが張り巡らされ、大量の酵素が存在し、細胞小器官という微小な構造がずらっと並んでいる。

　こうした細胞の複雑性の中心に位置するのがＤＮＡだ。よく知られた二重螺旋構造の分子は細胞の核にある大型の細胞小器官で、ほとんどすべての細胞に存在する。ＤＮＡ分子はねじれた梯子のような構造になっていて、梯子の各段はいわゆる塩基対でできている。梯子の二本の縦木からペアの塩基同士が手を伸ばすようにして互いに弱く結合している。ひとつひとつの塩基が実質的に遺伝符号となる文字の役割を担い、わたしたちの細胞にタンパク質の合成を指示する。ＤＮＡの塩基にはアデニン、チミン、グアニン、シトシンの四種類があり、Ａ、Ｔ、Ｇ、Ｃと頭文字のアルファベットで表記されることが多い。ＤＮ

A分子上におけるこれらの塩基の配列の仕方が、リボソームという細胞内の構造体でタンパク質分子を合成するためのコードとして利用される。タンパク質は身体で非常に多くの機能を果たしている。皮膚のコラーゲンや毛髪のケラチンではそれらの構造を維持し、筋肉の大部分もタンパク質でできていて、ホルモンや酵素のように身体中で生じる多くの化学反応の制御にも使われている。タンパク質はアミノ酸という小さな化学物質を基本要素とする長い鎖状の分子だ。アミノ酸（二一〇種以上ある中から選ばれる）がいろいろな配列で結合してタンパク質ができ、アミノ酸の配列によってタンパク質の特性と機能が決まる。アミノ酸の正確な配列はDNA分子に並ぶ文字の順序によって指示される。タンパク質を形成する各アミノ酸は三つの塩基配列によってコード化されていて、この塩基配列を「コドン」という。こうした複雑な仕掛けと組織化は、進化の過程で出現した。

わたしたちが人間の進化について考える時、たいてい二足歩行や大きな脳、言語の発達など人間がひとつの種として発達してきたごく新しい進化段階に気を取られがちだ。これらは確かに重要で決定的な特徴だが、その他のわたしたちの生物学的側面の大部分はもっと長い進化の過程を経た結果で、中には生命の初期段階の非常に早い時期に形成された機能もある。代謝を支える驚異的に複雑な生化学反応経路や神経系、そして身体を形成し制御するタンパク質の合成は、どれも直立歩行や天候などの世間話をする能力が生まれる遥か以前に進化した。たとえば細胞内の生化学過程である「解糖系」という生化学反応経路は一〇の化学反応からなり、人間の体内でも、パンダの体内でも、酵母菌や細菌でもまったく同じように存在する。解糖系はブドウ糖(食物由来)を「アデノシン三リン酸」(ATP)というエネルギーを細胞に供給する驚異の分子に変換する第一段階にあたる。この一連の化学反応経路とその反応を制御する酵素は、骨格や筋肉、目、耳、論理思考や言語が生じるずっと前に進化した。同じように、筋肉が収縮する分子レベルの仕組みに関係する化学反応経路と分子は、イソギンチャクやヒトデ、ミミズにも見られる。骨格の力学、消化の仕組み、ストレスに対する反応、その他にも細胞レベルや組織、器官レベルで生じる多くの生化学過程は、基本的に他の動物で見られる過程と同じで、植物や菌類、単細胞生物やバクテリアにさえ見られる過程もある。つまり人間の進化の最後の数百万年はあちこちの微調整に過ぎず、基本的な仕組みの大部分は、人間が姿を現すずっと以前にすでにできあがっていたのである。

生化学反応経路、酵素、様々な種類の細胞、鳥のくちばし、魚の鱗、ハリネズミの棘、そして行動はすべて適応の例で、これらの特徴(遺伝用語でいうなら「形質」)を持つ個体が生存や繁殖に有利になる。こうした形質の発生は一般に遺伝子というＤＮＡの特殊な配列によって調整されている。各遺伝子にはふたつのコピーがあり、一方は母方の卵から、もう一方は父方の精子のＤＮＡから受け継いだものだ。ひとつの遺伝子（あるいは複数の遺伝子）を構成するＤＮＡの文字配列が、それを受け継いだ個体の何らかの性質に反映される。こうした性質によって、この遺伝子を持たない個体と比べ生存しやすくなり多くの子孫を残せる可能性が高くなる。遺伝子がひとつの世代から次の世代へと受け継がれ、繁殖に成功した親の多くの子孫にその遺伝子がつながる。

進化は変化であり、生物学的進化とは最も基本的に言うと「遺伝子頻度」が長い時間をかけて変化することを意味する。言い換えるなら進化は実質的に遺伝子の普及によって生じる。親の卵や精子のＤＮＡ塩基の配列が変化、つまり変異により様々なタイプの遺伝子が現れ、それが子孫に受け継がれる。こうした変化は卵と精子を作るＤＮＡの複製過程で複製に失敗した時に生じ、自然に変異が起きる確率は低いものの、認識可能な割合で発生している。多くの変異は否定的に作用するが、まれにその変異を受け継いだ子孫が生存に有利になるような新しい特性をもたらすことがある。たとえば、ある酵素をコード化している遺伝子の変異によってその酵素がわずかに変化する。第八章で紹介するように、ある新しい酵素は食物を消化する効率の向上にはそれほど役立たなかったが、アルコールの分解については絶大な効果を及ぼすことになったのである。

遺伝子頻度の変化つまり進化を起こす主な過程のひとつが「自然選択」だ。自然選択によって進化がどのように生じるのかを理解するために、想像上の遺伝子を考えてみよう。遺伝子で実現する適応によって、この遺伝子を持つ個体は持たない個体と比べて生存に有利になるとしよう。有利にといってもいろいろある。この想像上の遺伝子をもつ個体はうまく食物を発見できるのかもしれないし、捕食者からうまく逃げたり、うまく交配相手を得られるようになったりするのかもしれない。しかし進化生物学の観点からは、これらの能力はすべての進化に共通する唯一の重要な能力の代理的な表現に過ぎない。その唯一の能力とは、他の個体よりも次世代により多くの子孫を残す能力だ。次世代の子孫を残す相対的な能力を進化生物学者は「適応度」と呼ぶが、「適応度が高い」という場合は複雑で、単に他人より多くの子孫を持つことだけを意味しているのではない。たとえば健康で高品質のミルクを多く供給できるメスのアカシカは、娘でなく息子を持つ方が大きな適応度を持つかもしれない。このアカシカの恵まれた条件によりオスの子どもは栄養を十分に摂取して大きくたくましく成長し、メスの大きなハーレムの繁殖を調整する支配的なオスとなる可能性が高いからだ。その結果母シカはオスの子どもを持てばより多くの孫を得ることになり、メスの子どもを持つより適応度が増加する。同じように巣作りをする鳥の中で多くの卵を産む鳥は、産卵数の少ない鳥よりも多くの子孫を巣立たせることになるだろう。しかしいくら野心的な母鳥であっても、すべての雛に餌を与えようとして疲れ果ててしまえば、寒い冬を生き延びて次の年の春に再び子育てをする余力がなくなってしまうかもしれない。母鳥が死んでしまえばその後の適応度はゼロになる。さらに冬を乗り切るためにも雛を多く抱えることとは適した条件とは言えないだろう。今年の繁殖結果と来年も再び子育てをするチャンスとの間でバランスをとり、雛の数を少なくすればすべての雛に質の高い子育てを提供でき、今年の雛の数は少ないとしても、その母鳥の一生を通してみれば大きな適応度を達成することになるかもしれないのである。

他の条件はすべて同じで、幸運にもある遺伝子を得た個体の適応度が高まると仮定してみよう。これらの個体はその遺伝子を得た結果多くの子孫を残す。そしてその子孫も生存に有利な親の遺伝子を受け継ぐ可能性が高いので、その遺伝子は次世代での出現頻度が増加する可能性が高くなるだろう。これらの個体が生きる環境が変化しなければ、つまり温度などの物理的要因や捕食者、獲物そして寄生虫などとの生物学的相互作用に変化がなければ、新しい世代も受け継いだ遺伝子の恩恵を受けることになる可能性が非常に高い。この世代がまた子孫をつくれば、再び同じ遺伝子のコピーを受け継ぐ可能性がある。何世代にもわたって繰り返される繁殖と自然選択による必然的で美しくも論理的な結果として、受け継いだ個体にとって恩恵となる遺伝子はその頻度を増加させる傾向をもつことになる。しかし選択環境が変化すれば、個体が特定の適応をコード化している遺伝子（一般的に形質には複数の遺伝子が関係する）を持っていたとしても、もはや利益は得られないかもしれない。新たな環境では役に立たなくなった遺伝子の頻度は減少し、結果的にその遺伝子の符号に対応する適応を持つ個体の数も減少する。要するに自然選択によって遺伝子頻度が変化し、進化が起きるのである。豪華なヨットでマティーニをすすっている人間であろうと、イヌの糞を餌にするバクテリアであろうと、この過程が生じることに変わりはない。

現生人類の進化

すでに見てきたように、生存と繁殖が有利になる形質をコード化した遺伝子を持つ個体が自然選択されることで適応が進化する。また「種形成」と総称される過程により、進化によって異なる種が形成されることもある。

ひとつの種に属するすべての個体同士が自由に交配できるような状況はほとんど生じない。たとえば小さな島だけに生息する生物がいい例になるだろう。この生物は他の地域に生息する同じ種と交配することはできない。人間も含めほとんどの種は、様々な個体群に属し、その中で繁殖する。あなたの庭に来ている鳥は数千キロ離れた知らない人の庭に寄る鳥と同じ種かもしれないが、たとえ理論的には可能だとしても、これら異なる個体群の鳥は実質的に交配はできない。時折異なる個体群の間を行き来する個体が交配し個体群間で遺伝子がやり取りされる場合もあるが、全体として大部分の個体は近いところに生息する同じ種同士で繁殖をする。

異なる場所で生息する個体群、あるいは一日または一年のうち異なる時間帯に活動する個体群の間では、作用する環境圧が異なるため各個体群には異なる適応が生じる。ある谷には他のネズミの個体群の生息地とは異なるネズミの捕食動物が存在するとしよう。この特異的な捕食者の存在により、この谷では通常のネズミより夜間に行動する頻度の高い個体が選択されてきた。日中に餌をあさるネズミより夜間に餌を探しに出ることを好むネズミの方が遥かに生存率が高くなるからだ。その谷の個体群はすでに他の谷の同種の個体群とは地理的に隔離されていたかもしれない。こうした状況では、この個体群は生物学的にも隔離されることになる。なぜなら夜行性の個体がその谷の外へ出たとしても、別の個体群の非夜行性の個体と出会い交配できる可能性は低いからだ。夜行性の個体群は、夜行性という新しいニッチでの選択圧［進化において生物に起きる変異を選択する要因］の影響のもとで進化するので、何世代も経る間に他の個体群との遺伝的な違いが蓄積する。たとえば夜間視力の進化が見られるようになるかもしれないし、夜間に見つけやすい食糧を好むように歯にわずかな変化が生じているかもしれない。こうした遺伝的な差異が生じることで、この個体群と他の個体群との相対的な隔離はさらに大きくなる。最終的にこの谷の個体群は身体的にも、生態学的にも、そして行動的にも他の群とははっきり区別できるようになり、この谷の種を新種として明確に同定できるようになる。

わたしたちホモ・サピエンスという種がどのように種固有の適応進化の影響を受けたか、またもっと広範な生物群に共通する適応による影響を受けてきたかを理解するには、人間の進化史を調べる必要がある。しかしそこには問題があって、人間の進化史を探究するとなればまさに生命の創世にまで遡ることになる。どこかで探究の限界を定める線を引かなければならないことは明らかだ。人類の進化史を手に負える適切な範囲で切り取るために、古人類学者が「解剖学的現世人類」(現在の人類の直接の先祖にあたる初期のホモ・サピエンス)と呼ぶ人類が登場した年代までに制限することにしよう。ただし、ストレスを生むメカニズムの進化を議論する時(第五章)や、暴力(第七章)あるいは嗜癖(第八章)について議論する場合には、もう少し時代を遡る必要があるだろう。

種を定義し、他の種とは異なるものとして明確に分類するには、その種に属する個体に共通する複数の特徴を見つけ、その特徴が他の集団では、少なくとも同じ組み合わせでは存在しないことを明らかにする必要がある。人間の定義など特別難しいものではなく重要でもないと思うかもしれない。わたしたちは普通、肉と骨の集まりを前にして、それが人間のものかどうか判断しなければならないような事態に出会ったことはないし、もちろん解剖学的特徴を数え上げる必要もない。わたしたちの日常生活への影響という点で見れば、ホモ・サピエンスという種の一員であることを明確にする定義をしっかり確定したとしても、確かにほとんど意味はない。それでもわたしたちが人間であるからこそ持ち合わせている特別な特徴を捉えることは、日常生活で進化的特徴が果たしている役割について考える手段となる。

生物の種を定義する上で問題となるのが個体の多様性だ。人間も同じで、ヒトという種を定義する場合にもこの多様性を考慮しなければならない。人間に見られる多様性のいくつかは、おおよそ個体群間の遺伝的差異だけで生じる。こうした差異が非常にはっきりわかる場合がある。たとえばヨーロッパの白人とアフリカ系アメリカ人の皮膚の色の違いや、カナダ北部ヌナブト準州のイヌイット先住民のずんぐりとした体型とナミビアのサン族のスリムな体型の違いなどだ。人間のその他のはっきりした遺伝的差異を見るために調査旅行に出かける必要はない。最も大きな多様性は男性と女性の間の違いで、この差異は精子にあるY染色体（男性）あるいはX染色体（女性）によって生じ、わたしたちはこの精子が受精した卵から発生する。その他にもそれほど明確ではない遺伝的差異として、疾患感受性や代謝に関する違いがある。人間の個体群間に見られる代謝の遺伝的差異の良い例として、ミルクに含まれる乳糖やコムギに含まれるグルテンの代謝方法の違いがある（第三章）。

こうした多様性は確かに遺伝的な場合もあるが、環境要因だけで多様性が生じることもある。純粋に環境の影響だけでまったく異なる特徴が出現する良い例が、わたしたちがお互いに意思を伝え合う主要な手段である言語に見られる。異なる地域や文化で育てば話す言葉も異なる。言語能力は遺伝的なもので声帯や舌などの身体構造、そして脳の特定領域に関係するが、わたしたちが実際に使う言葉の正確な形態は誕生してから成長する間に聞いた言葉によって育まれる。

さらに環境と遺伝子の相互作用からも多様性は現れる。たとえば成人の身長には遺伝的要因も作用するが、小さい頃に適切な栄養を摂取できていなければ、身長が高くなる遺伝子を持っていたとしても期待されるほど背は伸びないだろう。こうした遺伝子と環境、つまり生まれと育ちのバランスについては科学的にも哲学的にも非常に興味深いものがある。同時に本書と大いに関係するテーマでもある。なぜなら進化とは基本的に遺伝的過程だからだ。わたしたち人間の形成に進化が果たした役割と、進化したわたしたち自身と現代世界の不適合について議論する場合、どんな特徴を取り上げるにしても、そこに遺伝的根拠があることは仮定せざるを得ない。しかし、これから本書全体を通して見ていくことになるのだが、遺伝的な根拠は確かに魅力的な仮定ではあるが、そのことが常に容易に実証できるわけではない。確かに本書の議論でも生まれは決定的に重要だが、育ちも同じく重要で、従ってわたしたちが感じている不適合の多くは、今日の環境と遺伝子の間の相互作用によって生じている。

現在ヒト属（*Homo*）で現存する種は唯一わたしたちホモ・サピエンスだけだが、地質学的な時間感覚で言えば、ごく最近まで他の種も地上を歩き回っていた。今では絶滅してしまったが、最も有名なのがネアンデルタール（*Homo neanderthalensis*）だ。現生人類の遺伝学的研究と最近の保存状態の良い化石記録から得られる証拠によって、ネアンデルタールと初期現生人類は異種交配していたことがわかっている。また他の化石資料から、南アフリカのホモ・ナレディ（*Homo naledi*）やインドネシアのフロレスで発見された有名な「ホビット」（*Homo floresiensis*）などホモ属には多くの種が存在していたこともわかった。他のヒト族（*Hominini*）でも、ヒト属の種で起きていたようにおそらく解剖学的現生人類（*Homo sapiens*）の前段階で互いに異種交配していたのだろう。解剖学的現生人類の登場と、地質学的に言えば最近の進化史を再構成してまとめることは難しい上、異論も多く、状況が急に変化することも多い分野だ。こちらで骨の破片が見つかり、あちらで歯が見つかればメディアは大きく取り上げるだろうし、新たに年代と出現した順序の再検討をしなければならない。簡単に言えばホモ・サピエンスの進化の議論はやや混乱状態にあって、しばらくはこのまま変わりそうにない。地質学的時間としては直近のヒトの進化の詳しい点についてはこのように錯綜し混乱しているが、初期のホモ・サピエンスが初めてこの大地を歩き回ったのはおよそ三〇万年前で、解剖学的現生人類が登場したのがおよそ一六万年前頃だと言っても過言ではない。証拠を天秤にかければ現在ではホモ・サピエンスの起源はアフリカで、その後ヨーロッパ、アジアさらに遠方へと拡散したということになる。最も初期の現生人類の祖先がアフリカで誕生しようとしていた頃、遥か遠方の地ではヒト属(Homo)の他の種が生息していたのである。たとえば南イタリアではホモ・ハイデルベルゲンシス(*Homo heidelbergensis*)の足跡が発見され、ネアンデルタールがヨーロッパと南アジアへと広がったのは四〇万年も前のことだ。

何が差異を生んだのか

約一六万年前に出現した解剖学的現生人類は、他のヒト族とは異なる数多くの特徴を共有している。第一に最も重要なのは頭蓋骨が他のヒト族とは非常に異なる形状をしていることだ。他のあらゆるヒト族(もちろん一般的に霊長類)とは異なり、眼窩の上のアーチつまり眉弓がほとんど発達していない。しかし眉弓は、初期のホモ・サピエンス(三〇万年前から一六万年前の間)には痕跡があり、現在でもその痕跡が見られる人もいる。たとえばオーストラリアのアボリジニーの人々にはよく眉弓が見られるが、ネアンデルタールやその他のヒト属の古い種で見られる眉弓とは大きな違いがある。現在の人間の眉弓は一般的に両目の上を渡ってつながることはなく、普通それとわかるのは目の上にある部分だけだ。この眉弓の機能は、下顎を動かしてものを噛む時に生じる大きな力に対して頭蓋骨を構造的に補強することにあった。眉弓はヒトの進化の後期に失われた特徴だが、その消失はわたしたちの頭蓋骨のもうひとつの著しい特徴である急勾配の額とも関係している。

ほとんど垂直と言ってもいいわたしたちの額は、他のヒト族の緩やかな傾斜の額とは際立って対照的だ。解剖学的に驚くほど複雑な部分である額には三つの筋肉があって、いぶかしげな顔や驚いた顔など多様な表情を作ることができ、少なくとも筋肉を弛緩させて顔の皺を取るボトックス注射を避けている人なら、感情を伝える便利な掲示板となっているわけだが、額の本来の目的は巨大で複雑な脳を収めることに関係していて、このことはまったく異なる目的で生まれた機能を進化が利用するとても良い例にもなっている。人間の脳を収めるためには、他のヒト族のような緩やかな傾斜の額で形成されるのとは異なる空間が必要だった。人間の脳が巨大だからといって調子に乗ってしまう前に、実はネアンデルタールの脳の方がわずかに大きかったことを知っておいてもいいだろう。ネアンデルタールの頭蓋骨の研究から得られた一般的なコンセンサスによれば、ネアンデルタールが緩やかな傾斜の額でもこれほど大きな脳を収めることができたのは、頭蓋骨が前後方向に拡大しラグビーボール形になったためで、上下方向に拡張したわたしたちの頭蓋骨はもっと球形に近い形状になった。

現世人類の脳の重要な発達は、このラグビーボール対サッカーボールの形状の違いに表れている。わたしたちの脳には大きな前頭葉があり、この領域は意思決定や計画、創造性、社会的行動そして抽象的思考といったあらゆる認知処理に大きく関わっているので、これを現生人類の特徴と捉えることも多い。大きくなった前頭葉により脳は前方と上方に拡大し、その脳を収めるには急勾配の絶壁のような額にする必要があったのだ。この大きな前頭葉はわたしたちが種として成功する原動力となり、時にはわたしたちが現代世界と折り合いをつけるために、微妙な効果をもたらしていることも本書を通して知ることになるだろう。

眉弓が消失した例でもわかるように、わたしたちの頭蓋骨の全体的構造は他のヒト族の分厚くて頑丈な頭蓋骨と比べると、薄くて壊れやすい。さらに下顎は薄く歯も小さくなっていて、特に犬歯と切歯が小さい。またよく目立つ顎の先端部と比較的短い下顎、急峻な額により顔面は小さくほぼ垂直に見える。こうしたスリムな形状はわたしたちの他の骨格部分も同じで、発見されている他のどのヒト族よりも骨が細く四肢が長い。身長のわりに腕が長いのは、肢骨の均等な成長（等成長）に由来するのではなく、手に最も近い位置にある長い骨（尺骨と橈骨《とうこつ》）と足に最も近い位置にある長い骨（脛骨《けいこつ》と腓骨）の不均等な成長（不等成長あるいは相対成長）による。全体として、わたしたちの身体は他のヒト族のように頑丈ではなく、この細身の体型は熱帯地域での生活に適応したものと考えられている。がっしりした身体ではなく細身になると、身体の体積に対する表面積の比が大きくなり放熱しやすくなるため、非常に気温が高い地域で活動する動物にとって好都合な適応だ。興味深いのは、ずんぐりとした体型は寒冷な北方、今日の北極圏で生活するために進化した人間の個体群に見られることで、確かにこうした地域では熱帯での生活とは逆に熱を保持できる方が都合がいい。この現象は「バーグマンの法則」の例と言われることがある。この法則によれば、同一種内の個体（特に恒温動物の哺乳類と鳥類の個体）は高緯度になるほど大型化する傾向があるとされる。* しかし人間の場合重要なのは身体の大きさより

＊　バーグマンの法則はドイツ人生物学者カール・バーグマン（一八一四～一八六五）に由来する。バーグマンは、近縁種のなかで、生息地が寒冷なほど種が大型化する傾向があることに気付いた。現在では種内に見られる体型に応用されることが多く、寒冷な気候ほど個体は大型化し、たくましくなる傾向がある。生物学の多くの法則と同じように、この法則が常に正しい

その形状で、「アレンの法則」と言って寒冷気候下では小柄でずんぐりとした体型になる傾向があり、その方が生存に適している。† 人間以外の種にも応用できるこれらの法則を利用して、人間の進化と多様性の理解を深められるということは、まさにわたしたちが動物であり、他のすべての生物と同じ選択圧と進化過程に従っているとする見方に説得力を与えている。

　他のほとんどの動物と比較してヒト族の際立った特徴と言えるのが二足歩行で、直立して二本の下肢を使い好きなように歩行できる。しかし鳥類を見ただけでもわかるように、二足歩行はヒト族に特別な能力ではないが哺乳類としては特異な能力だ。たとえばカンガルーやワラビーも二足歩行で、アフリカの齧歯《げっし》類で一見するとウサギとよく似た珍しいトビウサギもそうだ。多くの哺乳類もクマや霊長類も含め、短時間なら二足で歩行でき、有名なテナガザルなど樹上生活をする霊長類の中には、地上を歩く時には必ず二本足で歩くものもいる。哺乳類と鳥類以外では、バジリスクトカゲが後ろ足で高速で走ることができ、

わけではないが、それでも広範な哺乳類と鳥類の形状を説明できる。

† アメリカ人動物学者ジョエル・アサフ・アレン（一八三八〜一九二一）にちなんで名付けられた法則で、寒冷気候に適応した動物は暖かい地域に適応した動物より四肢と付属肢（耳など）が短くなること。この法則は他の因子（バーグマンの法則など）が重要になる異種間の形状に対してより、人間も含めた同一の種内の個体に対してよく当てはまる。

水面を走るという芸当までできるが（この離れ業のおかげでジーザス・クライスト・リザーズとも呼ばれる）、やはり二足での移動は短時間に限られる。人間のように常に上手に二足歩行するには、背骨と骨盤さらに靱帯、腱、筋肉の連携がなければならない。確かに直立二足歩行だと見えるように歩くには、倒れ込まずに歩幅を大きくする必要がある。これはかなり難易度が高く、二足歩行という課題はいまだにロボット産業に従事する多くの人々を悩ませているが、それでも大きな歩み（洒落のつもり）はあって、非常に有能な二足歩行ロボットがいくつか開発されてはいる。二足歩行という課題を解決する鍵は下肢が歩幅を広げて動いても倒れないように上半身のバランスをとることにある。人間の場合は主にS字を描く脊椎と骨盤を変化させることでこのバランスをとっていて、それが人間独自の骨格形状を生み出している。

人間を定義する特徴としてここまでは骨格に関わるものを見てきた。確かに骨格とそれに関連する特徴は人間の身体能力とその限界を知る上でとても重要だが、現生人類は骨だけでは定義できない。複雑な道具や火の利用、絵画や音楽、言語さらに抽象的思考はどれも人間の文化的特徴と言えるもので、大きくて複雑で高性能な脳がなければ発達しなかった。そうであれば現生人類と他のヒト族を比較したくなるが、その時注目するのは、たいてい化石として発見される硬い骨格部分だ。しかし徐々にではあるが、散在する考古学的化石記録からわかるヒト族文化のあらゆる生産物に関心が向けられるようになっている。その調査結果に驚かされることも多い。たとえばネアンデルタールの遺跡からは、火を使いおそらく動物の角を象徴的に利用するなどわたしたちが葬儀とみなしている行為と同一視できる埋葬儀式が推察できた。[2] さらに二〇一三年に南アフリカの洞窟で、現代的特徴と原始的特徴（特に脳が小さいこと）を併せ持つヒト族、ホモ・ナレディ（Homo naledi）が発見されると、人間以外のヒト族文化の驚くべき特徴が推測された。ホモ・ナレディの遺体は洞窟内をよじ登っては下り、這って進み、狭いところをすり抜けてようやくたどりつける狭い空間に押し込められていた。その状況は遺体が意図的に埋葬されたことを示していた。こうした行為は、抽象的思考と象徴を操る能力の存在を意味するため重要で、普通は現生人類であるホモ・サピエンスだけが持つとされる特徴だ。

この発見からも、わたしたちが人間であるとはどういうことなのかについては、いまだに研究途上にあり、人間の進化的過去の複雑性を解明できていないことがわかる。本書では進化的過去とわたしたちが構築した環境との間の不適合について考えるわけだが、こうした不適合の研究には多くの分野を絡み合わせた難易度の高い知的なアクロバットが必要になる。現代世界でわたしたちが目的不適合な状態にあるのはなぜか、それは遺伝学、自然選択、進化、生物地理学、ゲノム分析、生化学、性選択、考古学、心理学、社会学、政治学、その他数多くの分野が絡むストーリーだ。では、ソファにでも収まってカロリーたっぷりのスナックをつまんでもらいながら、腹回りでわだかまっている不適合から考えてみることにしよう。現代世界はなぜ進化的遺産と示し合わせて肥満を生んでいるのかだ。

第二章　脂肪の話をしよう

進化とはとてつもなく驚異的だ。かいつまんで言えば、進化は生物学のほとんどの現象を理解する手段である。圧倒的な才能に恵まれたイギリス人免疫学者ピーター・メダワーは、進化生物学者であり作家でもあるスティーヴン・ジェイ・グールドをして「とびっきりの天才」と言わしめる人物で、「生物学者は進化を通して考えなければ、考えたことにならない」と述べている。グールド自身も進化の讃え方は心得ていて「過去の希望と仮説を覆すために、また最新の思考を説明するために科学が生み出したいくつかの衝撃的な理論のひとつ」と述べている。このようにわたしより遥かに説得力を持って語る人たちがいるわけだが、適応と地球上の生物とその圧倒的多様性を知った上で進化を「とてつもなく驚異的」と表現するのも手前味噌とはいえ、まんざらでもないだろう。

たしかに進化理論は偉大な理論ではあるのだが、進化というレンズを通して生命を見る時にひとつ問題がある。進化に関する権威ある議論に気付かれないように近寄ってこの問題を眺めてみるとしよう。ウクライナ出身のアメリカ人遺伝学者、進化生物学者のテオドシウス・ドブジャンスキーによる影響力のある論文のタイトルは「進化の視点なくして生物学に意味はない（Nothing in Biology Makes Sense Except in the Light of Evolution）」で、気に障るほど傲慢といってもいい実に完璧なタイトルだ。ただしこのタイトルを額面通りに受け取るなら、それは端的に言って間違いだ。

ドブジャンスキーの見事ともいえる圧倒的な主張の問題点は、この主張が生物学のすべてに当てはまるわけではなく、動物や植物、菌類、単細胞原生生物あるいはバクテリアが持つあらゆる性質が必ずしも適応進化の結果ではない点にある。言い換えるなら、生物の特徴の裏には常に遺伝的要因が存在し、その遺伝子を持つものが生存に有利になり、そのことが適応度の増大につながり、その結果、遺伝子頻度が増加するとは限らないのである。問題は進化というレンズがあまりに高性能で説明力が絶大なため、進化を通して世界を見ているうちに、何から何まで自然選択と進化で説明がつくように思えてしまう点にある。「適応主義」（adaptationism）は生物について記録可能な多くの特徴を適応進化に帰する科学的立場で、優れた方法論ではある。しかし適応主義がゆき過ぎることもある。たとえば人間の簡単な身体的特徴であるへそについて考えてみよう。臍帯《さいたい》を通して母体の子宮内で育つすべての哺乳類に共通する構造だが、形態は実に多様で、へそにピアスをぶら下げれば敗血症になる可能性は圧倒的に高くなるが、それは進化によって生まれた特徴ではない。へそには選択が作用しないのである。へそを持つ個体が生存に有利になり、へそを形成する遺伝子がわずか数世代でいっせいに広まり固定される（すべての個体がその遺伝子を持つようになる）ようなことはない。へそは母体の胎盤と胎児を結ぶ臍帯が胎児に接続していた部分に過ぎない。基本的には傷跡だ。「大地のへそ」（オンファロス）の神話を破壊してくれたテオドシウスよありがとうといった気分はともかくとして、へそについては進化ぬきで完全に理解可能なのだ。そうは言ってもへその元になる臍帯は適応進化なのだから話はややこしい。

検証もせずに進化に関するわかりやすい「なぜなぜ話」（Just-So story）をでっち上げることを「観念的適応主義」（armchair adaptationism）という。「なぜなぜ話」というのはラドヤード・キップリングの「ヒョウに斑点があるわけ」などを集めた子ども向け短編集に由来する。生物のどんな特徴でも「なぜなぜ話」として進化的に解釈する誘惑が常に存在し、進化のレンズをわたしたち自身に向けた時に最も大きな問題となる。美しいまでにシンプルな「選択」という論理のハンマーをふるうのは小気味よく、極めて魅力的なため、ありとあらゆるところで打てる釘を見つけようとしてしまうのである。どうして前置きがこんなに説教臭いのかって？　それは本章で扱おうとしているテーマが複雑で、感情的で、生物学的な取り扱いが厄介な「肥満」だからだ。そのうちわかるように、わたしたちが太る理由を解明してゆく道のりには、進化の論理というハンマーで打ち込んでやりたい誘惑の釘があちこちに散らばっている。進化の「なぜなぜ話」は魅惑的で確かにわかった気にさせられるが、その内容が正しいとは限らないことを肝に銘じておこう。

誘惑の倹約遺伝子

この倹約遺伝子についてはもう少し先で科学的に考えてみるが、ここではタブロイド紙レベルのうすっぺらの分析に止め、さらに人間が「太りつつあること」を事実として受け止めることにする。わたしたちが最近特に肥満気味になっている理由についてよく繰り返される進化的説明によれば、人間は極度の食糧不足に適応した生物だが、今や饗宴の時代になったために生じている現象ということになる。「なぜなぜ話」のあらすじはこうだ。

およそ一万二〇〇〇年前に農業が発明されて普及するようになるいわゆる「新石器革命」（第三章参照）以前、わたしたちの祖先はほぼ生存ぎりぎりの生活を送っていた。この旧石器時代には、わたしたちの祖先と、共通の遠い祖先を持つ他のヒト族は、狩猟採集民として生活していた。そんな彼らの食事と環境について簡単に触れることにするが、まず第一近似として、こうした初期のヒト族はどちらかといえば非選択的な雑食動物だったと想定できる。高タンパクで高カロリーのナッツ類、ビタミンと炭水化物が豊富なベリー類、そしてデンプン質のサツマイモ類などの植物類が特に重宝され、考古学的証拠から、肉類もヒト族の初期のメニューに取り入れられていたことがわかっている。肉類については、それほど俊敏でない動物を選り好みせずに捕獲していたのだろう。チャンス次第で小型哺乳類、鳥類、卵、昆虫、貝類などを食べ、大型動物の場合はその屍肉をあさっていたと考えられる。そのうちに道具とコミュニケーションそして集団で行う巧妙な狩猟法が発達し、大型の獲物を仕留められるようになる。豊穣の時には旬のベリーは豊作で、池では蛙の大合唱、狩りも大猟。そんな時に祖先たちが腹を一杯にして満足していたことは容易に想像できる。しかし、猟はいつもうまくいくわけではない。動物を発見して仕留めるのはとても難しいし（だからこそ人間も進化した）、植物の恵みは特定の時期にしか得られない。

腹を一杯にするのを想像するのは簡単だが、厳しい時代と飢えがなくなることはなかった。

わたしたちは生存に必要な量より遥かに多くのカロリーを食物から摂取できる。だから豊作の時には余分にカロリーを摂取することができた。飢饉という厳しい時を乗り切るには、食べ物が豊富な間に余剰のエネルギーを蓄えておくことは理にかなっている。ミツバチが蜂蜜を作るのも同じ理由からだ。蜂蜜は花の蜜がたくさん採れる夏の間に蓄えておく食糧備蓄庫のようなもので、ミツバチは花蜜から蜂蜜を生産し花が咲かない冬が終わるまで保存食として利用する。こうしてミツバチは身体の外部に食糧備蓄庫を進化させたわけだが、わたしたち人間は体内に脂肪という食糧備蓄庫を進化させてきた。饗宴と飢餓が繰り返す歴史を経て、ホモ・サピエンスは食糧が豊富な時にはエネルギーを脂肪備蓄庫に蓄え、後の食糧不足の時に備えることを非常にうまくやってのけるようになったらしい。現代世界、特に経済的発展を遂げた国々では、饗宴と飢餓が繰り返される時代を経験することはないが、その代わりほぼ毎日高カロリー食品に囲まれて生きている。その結果、この上ない饗宴の時代にあって、将来飢饉が生じることはまずないとはわかっていても、生理的な反応で万が一に備えてしまう。その結果、身体は脂肪を蓄えぶくぶくと膨らんでゆく。こうした進化的仮説を「倹約遺伝子仮説」という。

この倹約遺伝子仮説の提起は一九六〇年代にまで遡り、それ以降この仮説は公共の言説空間で地歩を固め、メディアで現代世界の肥満危機を取り上げる時には進化的説明の定番となった。確かにこの仮説の威力は絶大で、先進諸国に生きるわたしたちは、進化的な適応とは矛盾する世界を構築してきたという見解の広告塔のような位置づけになっている。またこの仮説からは非常にシンプルな救済策も生まれ、祖先のような食習慣を取り戻せば太ることはないとする提案も現れた。

わかったような気にさせられるが、肥満問題の進化的原因と進化的視点からの理解には、多様で時に複雑な側面があり、それらについて証拠にもとづく裏付けが不可欠になる。まず脂肪とは何なのか、肥満とは実際にどういうことを意味しているのか、肥満が他の疾病とどう関連しているのか、実際に現代世界に特有の現象なのか、ハンバーガーとフライドポテトの量はどんどん増えてきたにしても、肥満はそれよりずっと以前から存在したのかどうかといったことについて、はっきりさせておく必要がある。それから現代のわたしたちと比較して、祖先が食べていたものや環境はどのようなものだったか、特に飢饉（倹約遺伝子仮説の主要テーマ）について掘り下げて検討し、場合によっては文字通り掘り下げて発掘調査をする必要もあるだろう。現代の肥満傾向は進化的不適合が原因だとするなら、祖先が直面した選択圧を調査しなければならないし、現在のわたしたちが置かれている環境からの選択圧と比較もしなければならないだろう。こうした基礎が整えば真打登場となる。つまり進化が原因だとするなら、わたしたちのゲノムにその特徴が残っているはずだから、倹約遺伝子の遺伝的証拠を探さなければならない。要するに、現代の食事に旧石器時代の祖先にまで遡った食事を取り入れれば肥満問題が解決するという進化をヒントにした主張も精査に耐える必要がある。パレオダイエットと穴居人スタイルの栄養計画は単なるマーケティング戦略以上のものでなければならないということだ。倹約遺伝子仮説はトランプで作る家のようなもので、この仮説の様々な側面のひとつにでも裏付けとなる証拠が欠けていれば、仮説全体が疑われることになる。それでは最も簡単な問題、脂肪とは何かということから考えてみることにしよう。

脂肪とは何か？

第一章で見たように、わたしたちの身体は細胞からできていて、それらが集まって特殊な機能を果たす体組織を形成している。脂肪組織もそうした細胞の集合体のひとつで、「脂肪細胞」（adipocytes）あるいは「脂質細胞」（lipocytes）とも言われる細胞で構成されている（生化学的には脂肪は脂質の一部）。英語では adipocytes や lipocytes のことをもっとわかりやすく「ファットセル」（fat cell）とも言う。この脂肪細胞は脂肪備蓄庫として優れていて、集合して脂肪を蓄えることで、つかむとくにゃくにゃした肉の塊のような脂肪組織を形成する。

実はこの脂肪組織には褐色と白色の二種類がある。「褐色脂肪組織」（BAT）はほとんどすべての哺乳類に見られ、人間の場合は腎臓と首回り、肩甲骨の間、そして脊髄に沿って蓄積する傾向がある。褐色脂肪組織は「非震え熱産生」という過程を通して熱生産に関わっている。震えは筋肉の不随意収縮で副産物として熱を生産する（熱産生）。一方、非震え熱産生は筋肉の動きを介さず、褐色脂肪組織細胞に存在する巧妙な代謝経路で脂肪内の化学エネルギーを熱に転換する。この組織は医学的にも、他の身体要素との関連で興味深く、特に骨密度、骨の健全性と長寿に関係がある。褐色脂肪組織にはこうした様々な機能があるため十分な血液供給があれば代謝が活性化し、脂肪細胞自身は内部に利用可能な小さな脂肪の滴を蓄えている。またこの細胞にはミトコンドリアが多量に存在する。褐色脂肪組織細胞の（まだ完全には解明されていない）複雑な機能に必要なエネルギーを供給する細胞の発電所だ。

わたしたちを太らせてくれるのは白色脂肪組織の方だが、この組織も褐色脂肪組織と同じく興味深い。褐色脂肪組織の場合は細胞内に多くのミトコンドリアが存在し、ミトコンドリアに血液を供給する毛細血管も多いため褐色をしているが、白色脂肪組織の方はエネルギーを蓄える以外に特別なことをする必要がないため白色だ。褐色脂肪組織細胞には小さい脂肪の滴が蓄えられているが、白色脂肪組織の脂肪細胞には真ん中にとても大きな部屋「液胞」がある。この液胞はエネルギーが豊富な脂肪を充塡でき、液胞が一杯にふくれあがると、液胞以外の細胞要素（たとえば細胞核など）はすべて細胞膜の内側にぎゅうぎゅうと押しのけられてしまう。

白色脂肪組織は体中に存在する。皮下白色脂肪組織は皮膚の直下に形成され、内臓白色脂肪組織は腹部の深いところに蓄積し器官を覆っている。ビール腹、脇腹の贅肉、クッションの詰まったようなお尻、ふっくらした太もも、首回りのたるみ、ぶよぶよの二の腕などは皮下脂肪の蓄積によるものだ。これらは見た目にもわかりやすいため、美容上は気になるとしても、皮下脂肪が健康面で大きな問題になることはない。脂肪の蓄積が健康上大きな問題となるのは、蓄積していることに気が付かない内臓脂肪だ。多量の内臓脂肪は、肥満による最大の健康問題である2型糖尿病発症の主な原因となるからだ。2型糖尿病は、血糖値を調整するホルモンであるインシュリンの作用に対して身体の抵抗性が高まり血液中のブドウ糖濃度が上昇する病気で、増加傾向にある。2型糖尿病の症状としては喉の渇き、頻尿、空腹感の増加、疲労、さらにあまり話題に上らない症状としてペニスや膣回りに刺すような痛みが出る。これらは短期的に生じる比較的軽い症状だが、長期に及ぶ深刻な症状もある。心臓病や脳卒中、また血流障害による失明や腎不全、さらには手、足、脚を切断しなければならないこともある。その他にも直接、間接的に肥満と心臓病、脳卒中、いくつかのがん、うつや自信喪失など精神疾患との強い関連性も知られている。関節の過剰疲労、特に膝の痛み、さらに睡眠時無呼吸症候群（就寝中に正常な呼吸が停止すること）やひどいいびきなどの睡眠障害もある。これだけでは肥満を悪者扱いすることに納得できないという読者もいるかもしれないが、性欲の減退や勃起不全、体型や外見上の不安による心配などで性生活上の障害を訴える人が肥満の場合は二・五倍にもなるというのだから、肥満が人生をつまらないものにしていることは事実なのだ。

肥満と糖尿病

2型糖尿病は肥満と関連する健康上の主要問題のひとつであると同時に、現代のわたしたちの身体における過去の進化の重要性を考える上で興味深い役割を果たしてくれる。2型糖尿病の出現を説明する試みとして、一九六二年に初めて提案されたのが遺伝学者のジェームズ・ニールによる「倹約遺伝子仮説」だった。ニールは人間の遺伝学と疾病の進化的理解の発展に影響力をもつ人物だったが、ニールの研究には異論もあった。二〇〇〇年、作家のパトリック・ティアニーは著書『エルドラドの闇（Darkness in El Dorado）』で、他の研究者にも非難を浴びせているのだが、なかでも主にニールと人類学者のナポレオン・シャグノンに向け強烈な批判を浴びせた。ティアニーによる最も厳しい批判は、一九六八年にニールがアマゾンのヤノマミ族の間にはしかを流行させたというものだった。ニールが人間進化に関する理論である「リーダーシップ遺伝子」の存在と人間における感染症の進化を検証するため、意図的に危険性のあるタイプのはしかワクチンを利用したというのである。ティアニーによると、ニールは安全で安価な他のワクチンも利用できたのにあえてエドモンストンB型というはしかワクチンを利用した。その動機についてティアニーはこう続ける。エドモンストンB型ワクチンは抗体を作るので、ヨーロッパ人とヤノマミ族の免疫反応を比較できる。安全な代替ワクチンを利用するのでなく科学的目的を満足させるためにこのワクチンを利用したことで、はしかの感染流行が起きたとティアニーは断言した。ジェームズ・ニールに関わる『エルドラドの闇』事件は、人間の進化生物学がいかに情緒的になりがちかを示しているが、実際このはしかの感染流行をはじめ『エルドラドの闇』における他の非常に多くの主張は、その後ばっさりと反証されることとなった。[1]

しかし肥満と2型糖尿病の間の非常に明瞭な関連性は、そう簡単には反論できない。逆説的なのは肥満と糖尿病はどちらも生存については不利な特性なのに、どちらも遺伝性が高いことだ。高い遺伝性はその基盤となる遺伝子の存在を示唆し、遺伝的基盤があるということは選択によって生じる進化を示唆するが、自然選択がどのように作用すればこの不利な遺伝子の頻度が増加するのだろうか。この難問に取り組む中でニールは、インシュリン抵抗性（2型糖尿病の前兆）が脂肪の効率的な貯蔵を促進し、それによって飢饉の時でも生存が可能になったのではないかと思いついた。つまり今は不利な特徴（糖尿病を起こす傾向）だとしても、人類史上食糧が不足していた時代にはこの特徴の否定的な側面より肯定的な側面の利益が上まわり都合がよかったのではなかったか。しかし実際には当時の環境を背景として生存が有利になることに関する限り、倹約遺伝子の選択に糖尿病を関連づける必要がないことはすぐにわかった。脂肪の貯蔵能力は定期的に起きる飢饉を背景とした生存には都合がよかったのである。だからこそ、脂肪備蓄の遺伝性という（したがって遺伝子を根拠とする）進化的説明が生まれたのだ。

BMIを理解する

身体が重く感じたり、腹回りのたるみが以前より多くつかめるようになったり、服が小さく感じるようになったりするのは、どれも肥満の可能性を示す日常的なサインだ。医学的には、肥満はもう少し正確に定義されている。世界的に受け入れられている肥満の指標が「体格指数」（ＢＭＩ＝Body Mass Index）だ。世界保健機関（ＷＨＯ）をはじめ世界中の医療専門家や医療機関で採用されているＢＭＩは、体重（キログラム）を身長（メートル）の二乗で割った値だ。わたしの場合なら体重八三キロで身長一・八八メートルなので、八三を一・八八の二乗で割ってＢＭＩの値はおよそ二三・五となる。現在の定義ではＢＭＩの値が一八・五～二五の間なら「正常」（普通体重）で（わたしの場合ホッとした）、二五

〜三〇の間だと「太りぎみ」（肥満一度）、三〇以上になると「肥満」（肥満二度）だ。それ以降は値が五増えるごとに肥満の重篤度が進展し、三五を過ぎると高度肥満（肥満三度）、それを過ぎ四〇になると病的肥満（肥満四度）、さらに（現在のところ）六〇＋の超肥満まで定義されている。

ＢＭＩには見過ごせない数学的ロジックが含まれている。一般的に背が高くなれば体重も増えるので、体重を身長の二乗で割ることで個体間の体格について有意義な比較ができるようになっている。つまりＢＭＩの値が他の人より高い人は、身長のわりに体重が大きいことがわかる。ただＢＭＩにはふたつの大きな問題がある。第一の問題は数学が得意な人ならピンとくるだろう。三次元物体（人体もそうだ）を形状を保ちながら拡大するには、ひとつの軸つまり次元（身長など）に沿って拡大するだけでなく、他のふたつの次元（幅と奥行き）も拡大しなければならない。たとえば一辺が一センチの立方体を考えてみよう。高さを二倍にしたら、立方体の形状を保つには幅と長さも二倍にしなければならない。もとの立方体の体積（体重に対応する）は一×一×一＝一立方センチだが、一辺の長さが二倍になった立方体の体積は二×二×二＝八立方センチになる。従ってＢＭＩをもっと合理的に定義するなら、体重を身長の二乗で割るのではなく三乗で割った方がよいように思える。この点についてニック・トレフェテン教授が二〇一三年のエコノミスト誌へのレターでわかりやすい指摘をしている。

肥満の評価として（イギリス国民健康保険制度からも）信頼されている体格指数は奇妙な指標だ。わたしたちは三次元世界にいるのだが、ＢＭＩは体重を身長の二乗で割ることで定義されている。この指標が開発されたのは一八四〇年代のことで（ベルギー人統計学者、社会学者アドルフ・ケトレーが発明）、計算機が登場する前でもあり、公式は容易に手計算できる必要があった。この欠陥のある定義の結果、数百万の背の低い人たちは適正な体型より痩せ過ぎと思い、数百万の背の高い人は太り過ぎと思いこまされてしまった。[2]

トレフェテンはこの問題をさらに調べてみると、人間は立方体のように完全に形状を保ちながら大きくなるわけではなく（わたしたちの背が伸びる時、幅や奥行きはまったく同じ比率で大きくなるわけではない）、身体の体積は身長の二乗（平方）や三乗（立方）ではなく二・五乗に比例して増加することがわかった。一方「肥満指標」（ＣＩ＝Corpulence

Index）という明快な名称の指標は身長の三乗を採用しているもののまったく利用されず、少なくとも現在も生き残っているのはＢＭＩだ。

ＢＭＩのもうひとつの問題は、体型は同じでも筋肉質の人ほど体重が大きくなることで、それと同時に目の前にいる本人の体型を見れば肥満でないことはわかるだろうに、それをたいてい無視して数字にばかり執着してしまうことだ。筋肉は脂肪より密度が高いため、筋肉量が多くなるとＢＭＩ値で評価される身長に対してあるべき適正な体重より重くなってしまう。その結果、ＢＭＩの数値から「太り気味」と指摘されることになる。実際には筋肉組織がよく発達したためなのに、ＢＭＩではその点が考慮されず、正常範囲を超えたと評価されてしまうのである。このロジックを自分に都合がいいように当てはめようと思うなら、まず自分が参加したオリンピックのボート競技やウェイトリフティングのメダルが並んだ棚を見るか、ボディビルのスケジュールを見てもらいたい。どちらかでも一杯になっていたとすれば、あなたは肥満ではない。しかしほとんどの人の場合「増加分は脂肪ではなく筋肉だ」と見得を切ったところで何の利益にもならないだろう。ＢＭＩには皮下脂肪あるいは内臓脂肪の相対的比率についての情報は入っていないので、潜在的に内臓脂肪が危険なレベルに達していても、ＢＭＩ数値としては二五＋、つまり「太り過ぎ」の体重範囲に届かないこともある。もちろん逆にＢＭＩ数値が二五＋だったとしても、脂肪はすべてお尻回りや大腿部にあって、健康上ほとんど問題がない場合もある。

わたしが言いたいのは、ＢＭＩという指標は特定の個人に適用する場合には今述べたようにいくつか問題はあるが、人口集団に応用する場合には、細かいことを言ったところでこのＢＭＩ指標の簡便さにはかなわない。ＢＭＩは有効かつ妥当な指標で、地域間の比較ができ、さらに長期的な地域間、地域内の変化を見ることもできる。そしてＢＭＩの長期的変化を調べてみると、非常にはっきりとしたパターンが現れてくる。それはわたしたちは肥満であり、太り続けているという事実だ。

世界の肥満パターン

世界の肥満は一九七五年以降三倍近く増え、二〇一六年には成人（一八歳以上）の三九パーセントが「太り気味」（ＢＭＩ二五〜三〇）で、一三パーセントが「肥満」（ＢＭＩ三〇＋）だった。この数値から惑星地球上では、今や成人七人にひとりが肥満で、五人にふたりが医学的に太り過ぎという状態だ。そして肥満の割合は少なくとも現在のところ上昇を続けている。さらに肥満の増加に伴うように、糖尿病も世界的に増加している（一九八〇年には一億八〇〇〇万人だったが、二〇一四年には四億二二〇〇万人に達した）[3]。こうした肥満の増加とそれに続く健康の悪化を、人間の進化的過去と現在多くの人々が生活する先進国世界との不適合性に帰するなら、肥満と何らかの発展指標との間に関係性が見いだされるはずだ。それを明らかにするにはさらにデータの分析を進める必要がある。

肥満増加の理解を深める第一歩として興味深いのは、BMIの数値が三〇以上の人々の世界的分布を調べてみることで、そこには驚くべき発見がある。たとえば肥満国の上位八位までは国民の六一パーセントが肥満という圧倒的肥満率を誇るナウルを筆頭に、すべて太平洋島嶼《とうしょ》国が占めていることだ。太平洋島嶼諸国以外の国として最上位にランクインするのが第九位のクウェートで（肥満率三八パーセント）、次いで肥満率第一〇位に国旗を掲げるのが人口の三六パーセントが肥満というアメリカ合衆国だ。そして上位二〇位の後半に名を連ねるのがアラブ諸国で、一一位以降の八か国のうち七か国をサウジアラビアやアラブ首長国連邦が占める（一五位はトルコ）。ランキングの最下段に位置する九か国は肥満率が五パーセント以下で、エチオピアやエリトリア、ネパールといった貧困国が並ぶが、豊かで高度に発展している日本も名を連ねる。従って、ただ数字に目を懲らすだけでは、先進国世界に属することで進化的な不適合が生じ、その結果肥満が増えると断定することはできない。さらに熟慮を重ねたアプローチが必要なのだ。

国家の発展を数値化し誰もが満足する単一の指標を見つけることは困難だ。それでBMIでもそうだったように、わたしたちの熟慮にもある程度の妥協を受け入れざるを得ない。たとえば「国連人間開発指数」（HDI）は平均寿命や教育のような要素を考慮した統計指標だし、国家総所得（GNI）や国内総生産（GDP）は生産性を見るぶっきらぼうな経済指標だ。もう少し違った感じであまり格好よくない名称の経済指標が「人口ひとりあたりの（購買力平価で見た）GDP」で、様々な国における生活費用とインフレ率を折り込んで「ライフスタイル」と発展に関する妥当な指標を提供する。これまでの数多くの分析に実に様々な指標が利用されてきたが、わかったことはほとんど同じだ。特別に肥満が多い貧困諸国（下記参照）もあれば非常にスリムな体型の裕福な国（たとえば日本）があるなどデータ上のノイズはあるにしても、ほとんどの経済発展指標と肥満の間には関連性がみられるということだ。[4] 相関関係は因果関係を意味するわけではないという昔からの教訓は忘れてはならないし、裕福になると食物が豊富に手に入りその結果肥満になるという陳腐な解釈では、世界の肥満問題を簡単に片付けられないことも心に留めておくべきだ。

はっきり言えることは、経済発展と同時に何かが進行しているということだ。

太平洋肥満クラスター

肥満と発展の関係性を考える時、極めて特異なのは比較的貧しい太平洋島嶼国に極端な肥満が蔓延し、世界の肥満率ランキングの上位八か国を独占していることだ。この「太平洋肥満クラスター」は経済的発展が肥満に関係しているという全体的傾向に対し、何らかの問題提起になっているのだろうか。あとでわかるように、実際にこの太平洋島嶼国のクラスターは肥満と発展に関する基本的な仮説を裏付けている。地質学的時間で見ればごく最近人類に生じた進化が、わたしたちが構築した現代の環境とわたしたち自身が不適合を起こすように作用していることを示す絶好の事例となっているのだ。

高カロリー食品を得られることと、もうひとつの肥満の原動力である座ったままでいることの多いライフスタイルの代理指標として用いられているのが発展だ。確かに高カロリー食品を手に入れやすいことが肥満の最大の原因であるとする考え方を太平洋島嶼国家の事例が裏付けてはいるが、これらの国と肥満率ランキングでその後に続く富裕国との間の大きな違いは、高カロリー食品の摂取が豊かさに起因するのではなく相対的貧困による点にある。たとえばトンガ（肥満率ランキング第五位）では、二十世紀中頃にそれまでの魚や根菜類、ココナッツが中心の食事から輸入肉の切り身へと食習慣が変化した。脂肪の多いアメリカ産の「七面鳥の尾」や、ニュージーランド産の「マトン・フラップ」（ヒツジのバラ肉）が安価なことから急速に普及したのである。マトン・フラップはヒツジのバラ肉の中でも最も質の低い部位とされ、脂肪分は驚異の四〇パーセントだ。こうしたカロリーの塊のような部位しか買えない人も多く、今日の肥満はそこに原因があると多くの人が考えている。南太平洋では伝統的に大きいことが富や美しさ、そして権力の象徴となっているなど、文化的要因が作用している可能性もあるが、これらの国における今日の肥満の主因は、カロリーの過剰摂取にある。一方で遺伝子の調査から、南太平洋では比較的直近の進化的要因が作用して島民たちの間に脂肪を蓄える傾向が大きく上昇したことがわかった。こうした遺伝的背景の上に、マトン・フラップのような高カロリー食品をいつでも食べられるようになった現代の環境変化が重なったことで、世界で最も肥満率の高い国々が誕生したのである。[5,6]

サモアの場合

「超肥満」の進化を起こした選択圧は、少なくとも南太平洋では、倹約遺伝子仮説の強力な裏付けとなっている。さらに詳しく調べるには、地球上で六番目の肥満大国を訪れなければならない。美しい太平洋島嶼国サモアだ。

サモアでも世界肥満ランキングをリードする太平洋島嶼国の他の国々と同じように、かつて台湾の人々がフィリピン諸島とインドネシア東部を経由して定住した可能性が最も高い。太平洋島嶼部の発展と定住に関する「台湾起源説」というコンセンサスは、言語学（言語の類似性と差異に関する研究）、遺伝学そして考古学の証拠から裏付けられていて、その起源はおよそ三〇〇〇年前まで遡るようだ。サモアをはじめとする島嶼国への定住には航海用双胴船の開発など、造船と外洋航海の卓越した能力が必要だったことは間違いない。さらに人間自身の体力と回復力、深刻な食糧不足を乗り越える能力も欠かせなかっただろう。船に積む食糧は限られ、新鮮な食物は長持ちせず、航海は距離的にも時間的にも長かった。だから航海前や航海途中の寄港地などで食物が得られる時に体内に脂肪を効率的に蓄え、船上で食糧不足になった時にその脂肪を活用できる個体は明らかに生存に有利だっただろう。南太平洋の島に定住するにはどうしても長い航海が必要となるので、確かにこの航海は遺伝的な倹約個体にとって理想的な選択レジームとなっただろう。しかし以前に観念的適応主義（33ページ参照）と進化の誘惑の危険性について注意したように、「なぜなぜ話」が有効かどうかは遺伝的証拠を確認しなければならない。

特定の疾病や形質あるいは特徴について遺伝的関連性の有無を調べる方法のひとつに「ゲノムワイド関連解析」（ＧＷＡＳ＝Genome-Wide Association Study）がある。ＧＷＡＳは原理的には愚直な方法だ。関心のある形質、今の場合は肥満体型という形質をもつ人の集団と、肥満でない人の集団を同定する。それから両集団全員の遺伝型を決定し、その結果である長い遺伝子の「文字」列（第一章で見たＤＮＡ塩基配列）を比較し、両グループ間で一貫する差異を見つけ出す。肥満集団の全員が共有し、肥満でない集団には存在しない遺伝子の特徴は、肥満という状態が遺伝子に起因することの決定的証拠となる。もちろん実際にはＧＷＡＳの実施が非常に難しい場合もある。大雑把に言えば、この研究にはかなりの専門知識と、生物情報学という極めて重要な分野で開発されたツールを駆使する強力な統計分析が要求される。また対象個体群の性別や年齢、そして調査参加者の地理的、民族的背景も考慮しなければならない。これらすべての因子は、肥満という形質と遺伝子との関連性ではなく、各集団メンバーの間で共有されている肥満とは関係のない遺伝的関連性を反映する場合があるからだ。しかし、こうした問題は解決可能であり、GWASは二十一世紀当初から医学への応用で大きな成功を収めてきた。二〇〇二年の心筋梗塞に関する研究、二〇〇五年の加齢黄斑変性（高齢者の失明原因のひとつ）の研究といった一連の画期的研究でその能力を発揮し、二〇〇七年には一万七〇〇〇人を対象とする調査から、1型及び2型糖尿病、冠動脈性疾患や関節リウマチなど七つの疾病の遺伝的根拠を明らかにし、この分析方法の初期における最も有名な成功例となった。

ヨーロッパ人とサモア人の間の骨格構成と筋肉量の違いを考慮するためにBMI数値の正常と太り過ぎの境目を二六（通常は二五）で区切り、太り気味の人に寛大な底上げをしても、二〇一〇年時点でサモアの男性八〇パーセントと女性九一パーセントが「太り過ぎ」であることが示された。第一章でも議論したように、この調査結果は環境要因だけ（比較的貧しい経済状況でのマトン・フラップの流通）でも生じるだろうし、遺伝的要因だけでも説明可能だろうし（何も食べずに太ることはできないので、必然的に環境の影響を受けているため、実際には不可能）、あるいは環境と遺伝子の相互作用ということも考えられる。この場合ならマトン・フラップと何らかの推定可能な「倹約遺伝子」との相互作用だろう。実際サモアでは今日のような肥満の流行が始まる以前から、他の個体群と比べて肥満の割合が高かった。このことは、今日の食事環境の変化が肥満発生の唯一の要因となっているのではなく、これらの島々の肥満には生まれつきの遺伝的要因もあることを強力に示唆している。さらにＢＭＩの遺伝的影響の可能性も示唆されていて、その強力な裏付けとしてＢＭＩの推定遺伝率（遺伝子によって決定され、子どもへ受け継がれる形質の部分）が四一パーセントにのぼる。サモア人の集団には明らかに重要な問題が進行していて、それが何なのかを正確に知る最善の方法がＧＷＡＳだ。

二〇一六年にはサモアにおける高いＢＭＩ値に焦点を当てたＧＷＡＳの結果が公表された。研究チームは三〇〇〇人以上のサモア人を調査した結果、ＢＭＩと非常に強く関連するＣＲＥＢＲＦという遺伝子に、特殊な多様体（バリアント）の存在を同定することができた。ＣＲＥＢＲＦは脊椎動物に幅広く見られる遺伝子のひとつで、脂肪組織をはじめ実に多様な組織で発現する（つまりタンパク質を合成するために細胞によって読み取られ利用される）。ＣＲＥＢＲＦが細胞機能の基本的な役割を担っていることも示唆されている。またＣＲＥＢＲＦとそれと同類の遺伝子によってコード化されたタンパク質が、脂肪細胞の代謝に寄与していることも示唆されている。これらを総合すれば、背景証拠によってこの遺伝子が脂肪貯蔵と肥満の原因となっている可能性が高いことが示唆される。またBMI値が高いサモアの人々は体脂肪率、腹囲そしてヒップ回りのサイズとも関連するCREBRF遺伝子のバリアントをもつ可能性が高かった。どうやらCREBRFは倹約遺伝子の有力候補のようである。

サモア人のほぼふたりにひとりが、高いBMI値と関連するCREBRF遺伝子バリアントを少なくともひとつ持っている。それと比較して他の個体群ではこのバリアントは存在しないか極めてまれにしか見られない（ヨーロッパでは一万八三〇〇人にひとり、東アジアでは二一〇〇人にひとり）。サモアのバリアントが他の個体群ではめったに見られないのは当然のことなのかもしれない。「ポリフェン―2」（Polyphen-2）というオンライン・ツールとして利用できるモデル計算で、遺伝子変異によるタンパク質の構造と機能への影響を予測できるが、この方法によると、サモア研究で多く見られた遺伝子の特定部分の変化は、個体にとって有害となる可能性が非常に高いため、この遺伝子バリアントが広まる可能性は低いことが示唆されるからだ。ではサモアではなぜこのバリアントが広まっているのか。この謎を解くために、研究者はこの遺伝子バリアントの影響を「細胞モデル」を利用して分析した。細胞モデルは、実験室で培養でき、細胞機能の仕組みを調べられる特殊な細胞の「細胞株」を利用する。研究者が利用した細胞モデルは3T3―L1という脂肪細胞の細胞株で、一九六二年にスイスのアルビノマウスの胚組織から樹立され、細胞レベルでの脂肪代謝の研究に幅広く利用されている。この細胞モデルを利用してみると、バリアント遺伝子は細胞内でエネルギー消費を減らしつつ脂肪の備蓄を促進させていることがわかり、確かに脂肪細胞の観点からすれば倹約になっていたのである。この研究は、サモアの人々の歴史とサモアの集団遺伝学なども考慮した上で、サモアの人々に見られるCREBRFバリアントが倹約遺伝子であることの非常に説得力のある根拠を示したことになる。

ニールによる元祖倹約遺伝子仮説と脂肪備蓄促進という興味深い展開のなかで、サモア人に見られる遺伝子バリアントが2型糖尿病の予防にもなるらしいことがわかってきた。この遺伝子バリアントをもっていると肥満のリスクが一・三倍増加する一方で、2型糖尿病のリスクは一・六分の一に減少するのである。肥満と2型糖尿病との間のよく知られた相関を考えれば、まったく常識に反する発見だ。この遺伝子が肥満という身体条件を促進しながら肥満とつながりのある重大な疾患のひとつ（2型糖尿病）を予防するということは、この遺伝子は細胞レベルの代謝に作用している可能性が高いと考えられる。そうだとすればサモアの住民の間にいまだにとても高い頻度でこの遺伝子が見られることも説明できる可能性がある。

南太平洋の人々に肥満として現れる細胞レベルでの遺伝的な倹約特性については、この地域の肥満に関する追加研究からさらに裏付けが得られている。ニュージーランドに住むマオリ族と太平洋民族の研究結果は、サモア研究での発見を再現するものとなり、同じ遺伝子バリアントが高いＢＭＩ値と関連し、しかも2型糖尿病のリスクを減らしていたのである。[7]さらに、このバリアントによるリスクの大きさもサモアの結果と同程度だった。従って似たような直近の進化史を受け継ぐ人々が、脂肪の貯蔵を促進する珍しい遺伝子バリアントを共有していたことになる。そのことと痩せていては生存できなかっただろう長い航海と船上での食糧不足という共通する歴史が結びつけば、倹約遺伝子仮説はまさに実証されたかのように思える。しかし物事はすべてが見た目通りとは限らない。

倹約遺伝子仮説の問題点

倹約遺伝子仮説はサモアでの研究から強力な裏付けを得て、メディアも広く受け売りし、流行している多くのダイエット療法の根拠ともなったが、二〇一六年になるとその勢いを失いつつあった。かつてと比べて明らかに高カロリー食品を手に入れやすくなっていて、倹約遺伝子仮説は現在のような食生活環境を背景とした真実を明らかにすることではなかったからだ。職場からスーパーまで五分歩いて砂糖を一キロ買い、溶かしラードをワイングラス一杯といっしょに胃袋に流し込めば、お値段は一ポンド弱。贅沢な食事とはいえないが（もちろんこれほどの砂糖の摂取はおすすめできない）、ほとんどお金もかけずあっという間に、二日半分の活動を賄える約六二〇〇キロカロリーを摂取できる。倹約遺伝子仮説が対象とした問題は実際には、倹約遺伝子が進化するために必要となる条件、つまり人類史上で饗宴と飢餓が繰り返される選択環境が実在したことを明らかにし、さらにこの遺伝子がわたしたちのゲノムの中に存在するという決定的な証拠を発見することだった。この問題設定そのものは決して無意味ではない。

倹約遺伝子仮説に関わる特に大きな問題は、これまで人類史のなかで非常に多くの飢饉が起き、そうした飢饉を乗り切るための脂肪を貯蔵していない痩せ型の個体に大きな死亡リスクがあったとすれば、脂肪の貯蔵を促進する遺伝子への選択圧が圧倒的になる点にある。特定の遺伝子の発現を促進する圧倒的な選択圧がかかれば、これらの遺伝子が固定されるはずだ。つまりすべての個体（あるいは実質的に全員）がその有益な遺伝子をもつはずなのである。こうした進化的変化は、選択圧が極めて小さい場合でも驚くほど急激に起きることがある。倹約遺伝子仮説を批判する急先鋒ジョン・スピークマンは、この仮説にとっては不利になる数値が簡単な計算からはじき出せることを指摘した。その計算は次のようなものだ。はじめにスピークマンは、脂肪貯蔵に関係する遺伝子にある変異が生じ、この変異型遺伝子が何らかの方法で肥満を促進すると仮定する。この遺伝子をもっていると、もたない個体と比べて〇・五パーセントだけ選択に有利になるとしよう。つまり変異していない遺伝子（遺伝学では「野生型」という）をもつ人より飢饉を乗り切る可能性が〇・五パーセントだけ増えるのである。さらにスピークマンは飢饉が一五〇年に一度起きると想定した。こうした特に問題もなく無理のない条件を設定すると、六〇〇〇回の選択事象（飢饉）の後、つまりこの場合九〇万年後には、最初はひとつの個体だけに存在した変異が拡散し、集団全体に行き渡って固定されるのである。九〇万年という時間は解剖学的現世人類の登場以前にまで遡ることになるが、わたしたちが直近の進化史と考えている時間枠内には収まっている。スピークマンはこうした選択背景があれば全員肥満になるはずだが、わたしたちはそうはなっていない。生存に有利な倹約遺伝子であれば拡散して固定されていたはずだから、人間に見られる肥満と脂肪蓄積の傾向に見られるばらつきは、倹約遺伝子仮説に反することになる。

もうひとつの倹約遺伝子仮説の問題点は、飢饉における典型的な死亡率のパターンから見えてくる。つまり飢饉に襲われた時死亡しやすいのは誰かだ。倹約遺伝子仮説では体型が死亡率を左右すると考えるため、痩せ型の個体は太り気味の個体より死亡リスクが高いことになる。太り気味の個体が太るのは何らかの遺伝メカニズムによって体脂肪の蓄積が促進された結果だとすれば、倹約遺伝子は拡散する。問題は、全体的に見て肥満型の人が痩せ型の人より生存可能性が高いとする証拠がほとんど見当たらないことだ。しかしスピークマンも注意しているように、ある影響の証拠がないからといって、必ずしもその影響がなかったことにはならないし、わたしたちは飢饉の前後における集団のＢＭＩ及び死亡率を比較する研究は持ち合わせていないのである。

飢饉において死亡率に影響を及ぼす主要因子は、実際には体型ではなく年齢だ。飢饉の時に死亡しやすいのは子ども（一〇歳未満）と高齢者（都合がよ過ぎるかもしれないがここでは四〇歳以上とする）だ。選択圧による高齢者の死は繁殖に関わらないため進化にはほとんど影響しない。子孫を残した後の個体の死も自然選択には影響しない。ところが社会的生物種について考えてみると、子どもを作らない高齢者でも遺伝に裏付けられた重要な役割として近縁者の生存を助けている。ひとつの例が、孫の世話をしその生存を助け、のちに孫が子孫を残すことを支える祖父母の存在だ（第三章参照）。また年齢階級の他端にある子どもの死が倹約遺伝子の進化に大きな影響を及ぼすとは思えない。子どもの肥満はかなり最近の現象なので、スピークマンの議論によれば過去において飢饉に関係する死亡率が痩せた子どもたちに偏っていたはずがない。基本的に人類の初期の飢饉ではすべての子どもは痩せていて、倹約遺伝子をもっているいないに関わりなく生死を分ける確率は等しかったのである。おそらく倹約遺伝子にとって何より不利なのは、飢饉による全体的な死亡率データが得られた事例において、死亡率が特段大きいわけではなかったことだ。イギリスで過去二〇〇〇年の間に飢饉と同定された事象は一九〇件発生したとする研究があり、このことから飢饉は平均すると一〇年に一回起きていたことになる。しかし、これらの飢饉の影響による死亡率を調べてみると、飢饉が起きた際の死亡率が過去一〇年間の平均死亡率より有意に増加した事例は一〇〇年間にわずか一度だけだった。総合的に結論すれば、飢饉はそれほど頻繁に起きていたわけではなく、飢饉が起きても死亡率は大して増加しなかったのである。要するに、仮想の倹約遺伝子の進化を促す最も重要な選択因子は飢饉のはずだが、その飢饉はそれほど頻繁に起こるわけではなく、起きたとしても死亡率に大きな影響はなく、集団内での飢饉による死亡者数も倹約遺伝子仮説の予測とは矛盾する。

スピークマンは多くの様々な選択環境と選択圧を調査し、事象の確率を計算した結果、「倹約遺伝子仮説が正しいとするなら、わたしたち全員が倹約遺伝子の有利な変異を受け継いでいるはずであり、この仮説どおりにその変異が肥満の原因であるなら、わたしたち全員が肥満であるはずだ」と結論づけた。当たり前だが遺伝子だけで肥満になるわけではない。こうした遺伝的背景が実際に発現するには、豊富なカロリーが得られる環境が不可欠なのである。わたしたちすべてが肥満ではないからといって、必ずしも倹約遺伝子仮説を決定的に反証したことにはならない。たとえケーキやポテトチップス、クッキーやチョコレートに囲まれていたとしても、わたしたちは少なくとも観念的には、食べることを自制できるからだ。さらにイギリスに目を向ければ、二〇一四年時点で成人のうちBMI値が二五より大きい割合が六二パーセントで、確かに太りぎみが多数派という時代ではある。二〇二〇年には成人の三分の一が肥満になると予測されているが、アメリカ合衆国ではすでにその割合を軽々と上まわっている。それでもスピークマンは次のように強く主張する。

倹約遺伝子に対する自然選択が長期にわたる性質をもつとするなら、倹約遺伝子は拡散するはずだし、しかも太っている方が危機をうまくしのげるのは飢饉の時代であるはずだ。[8]

生物の特徴について遺伝子の影響と環境による影響を分離することはたいてい困難で、人間の初期の進化で重要だった倹約遺伝子を探す場合も例外ではない。世界の肥満に関する統計は、直近の歴史や文化、経済発展、食物の入手可能性など相互に作用し合う多くの環境要因が絡み合っていて、それらがすべての人間に共通する遺伝子と相互作用するか、あるいは南太平洋諸国の例で見てきたように、おおよそ特定の集団内に封じ込められている遺伝子と相互作用する。倹約遺伝子が人間の初期の進化において本質的であったとするなら、進化上の過去に近い環境と生活様式で生活する現世人類の集団の中にもその影響が見られるだろう。つまり少なくとも糖分が多く、脂肪分も多い加工食品を容易に得られるような現代とは異なる生活様式で現在を生きている人々の生活だ。実際、倹約遺伝子の影響を見るのは容易なはずだ。この遺伝子をもつ決定的な利点は、飢饉と飢饉の間の食物の豊富な時期に脂肪を食べて蓄積し、次の食糧不足を乗り切れることにある。この論理に従えば、飢饉と飢饉の間には人々は太っていなければならない。ところが実際にはそうではなかった。

一八一六年は「夏のない年」として記憶されている。一八一五年四月、インドネシアの火山タンボラ山が噴火、最新の報告に従って正確を期すなら爆発的噴火が起きた。観測史上最大の噴火で、山が砕け散る音は二六〇〇キロ先まで轟いた。火山灰が空を覆い「火山の冬」という地球規模の気象現象が発生した。灰の粒子と亜硫酸ガスの雲が大気中に噴出したのである。亜硫酸ガスは大気中の水と反応して硫酸エアロゾルとなり、灰粒子とともに太陽を遮ると、地表面に到達する熱が減少し、世界中で気温が〇・四〜〇・七度低下した。一度にも満たないわずかな気温低下のように見えるが、多くの地域の気象に深刻な影響を与えるには十分だった。たとえば北アメリカでは、タンボラ山の噴火による大気汚染で長期間霧が発生し、気温も低下し、一八一六年の五月と六月には季節外れの霜が降りた。さらに七月と八月にも霜が記録されている。この年の農業生産は壊滅的な影響を受け「西洋世界で最後で最大の生存危機」といわれるほどの不作となり、ほぼ飢饉といえる状態に陥った。[9]

一八一六年を飢饉事象として捉え、倹約遺伝子の議論が有効であるなら、北アメリカの集団はその時点から倹約して体内に脂肪を蓄えたと考えられる。ところがアメリカ合衆国の歴史データによると、八〇年後の一八九〇年代後半、アメリカ合衆国における肥満水準はわずかに三パーセントで、[10] その割合は現在よりずっと低く、倹約遺伝子が飢饉に対する適応的反応として脂肪を蓄えるという議論とは確かに矛盾していた。むしろ当時は少数の人は豊富な食物が手に入ったとしても、大多数の人々は、近年出回るようになった脂肪と糖分が豊富な加工食品ではなく、カロリーが十分ではない質素な食事を摂っていたと考える方がよっぽどつじつまがあうように思える。

ＢＭＩに対する現代世界の影響を排除したければ、時代を遡るだけでなく、現代世界の影響をそれほど受けていない現存する集団を調査すればいい。狩猟採集社会は今ではまれな存在で、カラハリ砂漠のサン人やタンザニアのハッザ族、インド洋のアンダマン諸島のジャラワ族などがアクセスしづらい世界の奥地で生活している。これらの人々はおもに狩猟採集で食糧を集めながら、一万二〇〇〇年以上前にわたしたちの祖先が農業を始める前の生活とよく似たライフスタイルで効率よく暮らしている。ここで重要なのは、彼らは石器時代の人間ではないことだ。彼らは独自の直近の進化史をもつ現世人類だ。つまり彼らとわたしたちの違いはライフスタイルが現代的でないということだけだ。

狩猟採集民の他にも世界には自給的農業を営む多くのコミュニティーが存在し、自らの生産物だけで暮らしている。狩猟採集民ととりわけ自給的農業を営む人々は倹約遺伝子の強力な証拠を提供してくれるかもしれない。なぜなら彼らは食糧が不足するか食糧が手に入らなくなれば、外の社会や別の手段に訴えて事態を解決することはできないからだ。食物を採集できないか不作になれば、すなわち食べることができない。ところがこれらのコミュニティーが飢饉状態ではない期間に(倹約遺伝子は脂肪の蓄積を促進しているはずだ)調査したところ、BMI値は一貫して一七・五〜二一の間で、正常範囲とは言え非常に痩せていることがわかった。

倹約遅延仮説

少なくともこれまでに実施されてきた研究では、現存する狩猟採集民が痩せ型で、栄養も十分摂取できていて倹約遺伝子の徴候はまったく見られそうになかったことは、実に興味深い。というのもこのことから倹約遺伝子仮説を綿密に手直しし、スピークマンが提起した問題のいくつかを克服できるかもしれないからだ。約一万二〇〇〇年前、農業の誕生により人間が食物を得る行為は大きく変化した。環境の気まぐれと野生食物を獲得することの不確実性に振り回されることはなくなった。ところが中央集権的で大きな農業社会の発展は、さらなる飢饉の発生をはらんでいたのである。農業が発達すると食糧を必要とする人口も増え、直喩的にも比喩的にも「すべての卵を少数のバスケットに入れる」ようなことになり全滅の可能性を生み出し、干ばつや不作、家畜の伝染病による影響は、膨らみ過ぎた人口と急いで採集生活に戻るにしてもすでにその知識を失っていた集団にとって、かつてよりずっと厳しいものとなっただろう。「倹約遅延仮説」では大部分の現世人類に起きたこのライフスタイルの急激な変化を考慮し、倹約的な脂肪蓄積遺伝子への強力な選択圧が過去一万二〇〇〇年前後の間に起きたと考える。「倹約遅延」仮説によれば狩猟採集民の集団が飢饉でない期間に太らないのは、他集団のように農業による選択圧の影響を受けなかったためということになる。比較的短期間に強力な選択圧を受けるとすれば、現代の食習慣でも人によって脂肪蓄積にばらつきがある（人により体重が増えやすい人がいる）ことと、肥満に関係する遺伝子のバリアントがいまだに固定されないまま多くの頻度で存在することをこの倹約遅延仮説で説明できそうだ。さらに二〇〇八年、イギリスの栄養科学者アンドリュー・プレンティスが倹約遅延を補強し、適応的倹約遺伝子仮説を提起した。プレンティスは飢饉が重要な要因となったのは比較的最近の農業の歴史の中で起きたことであると認めつつ、飢饉の主要な影響は死亡率の増加ではなく繁殖能力の低下にあったと論じた。[11]

肥満に利点はあるのか

倹約遺伝子仮説あるいは倹約遅延仮説などその修正版が正しいとすれば、少なくとも肥満と関連するいくつかの遺伝子をもつことが適応上有利になる証拠が検出できるはずだ。結局のところ、またしても直感に反することになるのだが、肥満に利点がないことは明らかで、しかも同時に肥満はまさに倹約遺伝子仮説の核心である遺伝形質であることもはっきりしているのである。飢饉の程度や農業の影響などお気に入りの選択圧について論じることもできるが、倹約遺伝子仮説が要求するのは、肥満を起こす遺伝子が存在し、しかもその遺伝子をもつ個体が選択に有利になることだ。ヒトゲノムの肥満に関連する「遺伝子座」で選択の徴候を探ればそのことを検証できる。

ゲノム（わたしたちのＤＮＡ）を探索してさらに選択の履歴を明らかにするには、「一〇〇〇人ヒトゲノムプロジェクト」が理想的なツールになる。このプロジェクトは二〇〇八年に始まり、二〇一二年までに一〇九二のヒトゲノムの配列を決定し（ＤＮＡ塩基の長い配列が決定されたということ）、科学者は研究のためにその結果を自由に利用できるようになった。グアンリン・ワンはスピークマンと共同で、二〇一六年時点で肥満に関連するとされていた一一五の遺伝子座をこのゲノム配列を利用して調べた。ゲノムのデータを詳細に調べた結果、これらの遺伝子座のうち倹約仮説を裏付ける「正の選択」、つまりその遺伝子をもつことで自然選択に有利に作用するという証拠になるものはわずか九座に過ぎなかった。しかも九座のうち五座（つまり過半数）は肥満ではなく痩せに対する正の選択だったのである。[12]

従ってサモアでの研究が登場するまで倹約遺伝子仮説は有力とはいえなかった。最近の世界的な肥満増加の説明としても今のところまったくさえない。南太平洋諸国での肥満の蔓延と、この集団における肥満及び糖尿病予防に関連する倹約遺伝子を同定できたことは倹約遺伝子仮説の妥当性に対する有力な証拠になるが、もっと広範囲の人間集団を見てみると、狩猟採集民だったわたしたちの祖先のように痩せている。どうやら肥満の増加を、倹しかった過去と高カロリー摂取の現代との間の不適合によるものと断定することはできそうにない。一方でもっと簡単な説明も可能だ。人間も他の哺乳類と同じく余分な脂肪を脂肪組織に転換できるのだから、現代人に肥満が多いとすれば、それはただ単に現代の環境ではつい食べ過ぎてしまうということなのではないだろうか。

倹約の次は浮動

倹約遺伝子仮説にはいくつか明らかな問題はあるものの、肥満と遺伝子との間にみられる興味深い関連性と、肥満の遺伝性が比較的高いことは確かなので、何か面白い仕掛けが隠されているはずだ。倹約遺伝子仮説に対する有力な対抗仮説として、「浮動遺伝子仮説」（DGH = Drifty Gene Hypothesis）が知られるようになった「浮動遺伝子という特別な遺伝子が存在するわけではなく、倹約遺伝子仮説（Thrifty Gene Hypothesis）との対照性を際立たせるために命名された」。倹約遺伝子仮説と同じく、浮動遺伝子仮説も肥満を進化的に説明するわけだが、倹約遺伝子仮説とは違い適応を利用した仮説ではない。浮動遺伝子仮説による肥満の説明を理解するには、まず「遺伝的浮動」という現象を把握しておく必要がある。

思い出してほしいのだが、進化とは時間とともに遺伝子頻度が変化することだった。わたしたちが普通考えるのは自然選択による適応的な形質の進化だ。また性選択（たとえばクジャクの尾）や血縁選択（ミツバチの働き蜂は群れのために自殺する）などの適応選択メカニズムにも関心があるかもしれない。しかし時間的に遺伝子頻度を変化させる方法は、有利な形質が選択され不利な形質は選択されないというやり方だけではない。

袋の中に一〇個のマシュマロが入っていて、そのうち五個は白で残りの五個がピンクだとしよう。さて、このマシュマロは繁殖でき、子孫の色は親と同じで、どちらの色のマシュマロも生存の可能性と子孫を持つ可能性は等しいとする。二番目の袋に次世代のマシュマロを詰めるのだが、まず目をつぶって最初の袋からマシュマロをひとつ取り出す。取り出したマシュマロがピンク色なら、その子として新しいピンクのマシュマロを次世代の袋に入れ、親マシュマロはもとの袋へ戻す。再び目をつぶって一番目の袋からマシュマロを取り出し、前回同様取り出したのと同じ色の次世代子マシュマロを二番目の次世代袋に入れ、親は最初の袋へ戻す［つまり最初の袋には常に白とピンクの親マシュマロが五個ずつ入っていることになる］。この操作をそれぞれの袋にマシュマロが一〇個ずつ入るまで繰り返す。

選択に偏りがないと仮定すれば、白とピンクそれぞれ同数の集団から選択しているのだから、次世代袋には白とピンクのマシュマロが五個ずつ入っていそうだ。ところが実際には、次世代が白とピンク五個ずつになるのは平均すると四回に一回だ。極めてまれだが新しい世代がすべて白になることもあるし（一〇二四回に一回）全部ピンクになることもある（すべて白になるのと同じ確率）。一〇〇〇回ちょっとで一回という確率だと、そのような事象は起きるかもしれないが可能性が低いので、中間的な値をとってたとえば白七個とピンク三個（一〇二四回に一二〇回の確率）になったとしよう。適応上有利な点などないにもかかわらず､白の頻度が増した（進化）ことになる。次に（第三世代を作るために）次世代袋からマシュマロを抽出すると、再び単なる偶然だが、ピンクと白の数がさらに偏る可能性もある。さらにある世代ですべてが白いマシュマロになりピンクがまったく存在しなくなって、集団内でその形質が完全に固定されることもあるだろう。このように遺伝子頻度の変化が適応によってではなく、個体のランダムな抽出によって偶然に生じることを「遺伝的浮動」というのである。

二〇〇七年にニューオリンズで開かれた肥満学会で、ジョン・スピークマンがアンドリュー・プレンティスとともにプレジデンシャル・ディベートの一環として肥満における遺伝的浮動の役割について発表した。覚えているだろうか、プレンティスは前にも紹介した栄養科学者で、倹約遺伝子の進化には死亡率の増加より飢饉による繁殖能力の低下の方が重要だとする説を提起していた。一方スピークマンの議論は、最初の発表の時と比べるとかなり進歩していて、体重と脂肪蓄積を制御するモデルを、人間進化の生態学的視点と結びつけている。この議論の核心にあるのが捕食の脅威だ。

脂肪量を制御する身体の仕組みを理解するために提案された理論的アプローチやモデルは数多《あまた》ある。基本的なモデルとしては「設定点モデル」、「平衡点モデル」そして「二重介入点モデル」があり、それぞれのモデルを研究し発展させる多くの議論や実験が行われている。

1、「設定点モデル」（set point model）は、ご想像通り、脂肪量には何らかの「設定点」があって身体はこの理想値を実現するように脂肪蓄積を増加させたり低下させたりして調整していると考える。このモデルは齧歯類の体重増加と減少をうまく説明でき、人間にも当てはまるとする証拠もあるが、肥満が蔓延している事実は、設定点モデルでは全貌がつかめていないことを示している。脂肪量に何らかの設定点があるとするなら、これほど多くの人がその設定点から大きく離れるのはなぜか。そして十分似通った集団でも設定点に大きなばらつきがあるように見えるのはなぜなのか。

2、「平衡点モデル」（settling point model）では、設定点は栄養状態と環境によって変化すると考える。食糧が豊富で肉体労働によるエネルギー消費も比較的少ない環境では、わたしたちの体重は新たな高い設定値（平衡点）に落ち着く。この平衡点モデルは一見すると人間集団にうまく適用できそうに見えるが、食事制限中の人や食事管理実験に参加している人を観察してみると、実際には設定点モデルの方がよい一致が見られる。ネズミと人間に対する調査研究で両モデルが裏付けられたり棄却されたりすることを考えると、どちらのモデルも人間の肥満をうまく説明できそうにない。

3、「二重介入点モデル」（dual intervention point model）は、設定点モデルを裏付ける証拠は存在するが環境因子によっても体脂肪量は変化するという、一見矛盾する観察結果の説明を試みる。二重介入点モデルには、最大体重を抑制する体重の上限値と同時に、危険なほど痩せるのを防ぐための下限値も存在する。体重がこの下限値つまり介入点に達すると、飢餓状態に陥らないように脂肪蓄積が活性化する。ある意味で、この下限値は「倹約」限界のようなもので、文字通りベルトをめいっぱい締め込められるような生存が厳しい時代には脂肪を蓄積する倹約体制に移行する。さらに興味深いのは上限値の存在の方だ。上限値が設定されているのは捕食者を避ける能力と関係する。

捕食者の存在によって上限値つまり介入点が生じる論理は単純だ。太っていると、獲物を狙って追いかけてくる捕食動物のかぎ爪と牙の餌食になりやすいからだ。率直に言ってこれに反論するのはかなり難しい。生存や将来の繁殖、健康的な生活という観点から餌食になってしまっては最悪だから肥満の回避は不可欠で、痩せ型の無敵の逃げ切りマシーンのような体型を保つことは、進化史上極めて重要だっただろう。わたしはアフリカの様々なアンテロープの体内を何度も調べた経験がある。とても衝撃的だったのはアンテロープの体内にはまったくと言っていいほど脂肪がなかったことだ。これらの被食動物はまさに痩せ型の典型で、食糧不足（たとえば干ばつなど）になれば飢え死にの危険に曝されることになるが、そうした心配は長い目で見れば「飢饉になった時に考えればいい」（詳しくは第一〇章参照）。要するに、痩せ型には卓越した逃走力が備わり、それはライオンやヒョウがうろつくようなところで生活するには極めて有効な能力なのだ。

スピークマンは遺伝的浮動のアイデアを取り入れた進化の仕組みを利用して、現世人類ではこの上限介入点が時間とともに上昇方向に浮動してきたことを説明する。およそ二〇〇万～四〇〇〇万年前頃、ヒト族の祖先は現在の小型霊長類よりも体型が小さく、開けたサバンナの生息地で暮らしていたが、捕食者のいい餌食となったため現在ではもう絶滅している。これら初期のヒト族は現在のアンテロープのような被食動物で、捕食者から身を隠しては後ずさりして逃げていた。「恐怖の猫」という意味の絶妙な属名ディノフェリス属（*Dinofelis*）に属する剣歯虎〔サーベルタイガーともいう。約八〇〇〇年前に絶滅したネコ科の肉食獣〕や恐ろしいメガンテレオン・クルトリデンス（*Megantereon cultridens*）〔剣歯虎の一種〕がこうした草原をうろついていて、ヒト族の骨には齧られた痕があることから、初期のヒト族がこれらの動物の捕食メニューに載っていたことはほぼ間違いない。こうした獰猛な捕食動物が存在する環境から、初期のヒト族には非常に強力な選択圧がかかり、痩せ型を維持し、上限の介入点により厳しい制約を受けるようになった。[13] 肥満であることは十中八九、死を意味したのである。そしてホモ・エレクトス（*Homo erectus*）が登場する……

ホモ・エレクトスは体型が大きくなり、火と道具を利用し、あらゆる面で洗練されたヒト族だった。またホモ・エレクトスはそれまでの種より大きな社会集団を形成した。こうした社会的行動は、脳の進化的変化も関係していたと考えられ、これを捕食者に対する適応とする見方もあるが、社会性によって狩猟の成功率が増加し大型の獲物も捕獲できるようになっていたはずだ。それから少し経った今から約一〇〇万〜二〇〇万年前には東アフリカで多くの大型肉食動物が絶滅したことが化石記録からわかっている。ホモ（ヒト属）にとって捕食者の存在は突如として大きな問題ではなくなった。突然、痩せ型で細身である必要はなくなり、いつでも走り出せるように身構える必要もなくなったのである。ふくよかになる傾向が出てきても、もう問題はなくなり、ふっくらしたウェストラインへ向かう傾向を受け継ぐ小型ホモ属が登場する時代を迎えていたのかもしれない。

上限介入点での選択圧の緩和とともに、変異と遺伝的浮動が肥満進化の非常に重要な要因になっただろう。さらに初期のヒト族集団の規模が小さかったことも影響したはずだ。小さい集団の場合、マシュマロ袋の話でみたように、集団の遺伝的多様性を極端に減少させる可能性が高くなるが、集団が大きくなればある程度解消できる。総括すれば、スピークマンが強く主張しているのは、捕食による制限を受けなくなると、上限介入点が浮動し、現代人に見られるように上限介入点に大きなばらつきが生じるということだ（つまり肥満に大きなばらつきが現れた）。

倹約遺伝子仮説も浮動遺伝子仮説もまだ広く受け入れられているわけではなく、多くの科学者の間で様々な説やそれに対する反論、修正や反修正、両仮説への微調整や改良が続けられている。[11,14] 人間の集団には多くの要因により大きなばらつきがあるため、倹約遺伝子がいくつかの集団では発見され、他の集団では発見されないのも単純にこうしたばらつきのせいなのかもしれない。また集団によっては他の集団より遺伝的浮動が重要だった可能性もある。総括すれば、将来の飢饉に備えて脂肪を蓄積するという考え方は確かに魅力的なのだが、現状ではすべての集団に対する調査結果を説明しきれていない。少なくともいくつかの集団では浮動遺伝子仮説が正しいとして、十分に納得はいかないものの肥満を進化的な理屈で説明できることになる。直近の祖先がボーイスカウト的な倹しい生活を送っていたのではなく、遙か遠い祖先にそれほど走る必要もなく肥満へと浮動していた集団があったのだ。倹約家ではなく怠け者の祖先がわたしたちの服がはち切れそうになっている原因かもしれないのである。

進化からインスピレーションを得たダイエット？

細かい点には目をつぶり、進化には脂肪を蓄える仕組みを決定する役割があったとして（実際この点については論争の余地はない）、大きな問題は、現在みられる世界的な肥満という危機は、祖先の食生活を取り入れることではたして克服できるのかということだ。「パレオダイエット」という旧石器時代食や、穴居人ダイエットともいう石器時代食は、現代世界の食生活を断ち祖先が食べていた食物だけを食べることにより、進化によって獲得した身体に適した食事に調整でき、肥満を予防できるという発想だ。[15] 有効なダイエット法と言うにはいくつかの問題をクリアしなければならない。「穴居人」は実際に何を食べていたのかを知ること。このダイエットに取り組めば、ダイエットを試みるほとんどの人の目標である体重を減らすことがかなうのか。健康上の問題はないか。このダイエット法をずっと続けて体重を低く抑え続けること、つまり長期的に持続可能であるかどうかだ。

祖先が何を食べていたかを知るには、数多くの多様な考古学的証拠を調べなければならない。たとえば化石骨に道具痕や料理の焦げ跡があれば祖先が肉を食べていたことがわかる。狩猟した多くの動物は洞窟壁画に残されている。また貝類をたくさん食べた海岸には貝塚が残るので、そのことから祖先が海産物を食べていたことがわかる。同じように果物やベリー類、ナッツ類を食べていたことや、採取できる場合は卵を食べ、蜂蜜が食卓に上ることもあっただろう。[16] 昆虫は現在も世界中に生息し、いろいろな地域に昆虫食がみられることを考えれば、祖先もあちらこちらで少なくとも風変わりな前菜として昆虫を食べていたはずだ。

安定同位体分析という技術を利用して歯や骨を分析すると、先祖の栄養状態をさらに詳しく調べられる。[17] この技術は窒素と炭素が同位体という様々な形態で存在することを利用する。炭素原子の原子核には必ず正の電荷を帯びた陽子が六個あり、この数「原子番号」6によって炭素と同定される。原子核内には陽子と同じ質量で電荷をもたないもうひとつの亜原子粒子の中性子が存在する。同じ原子でも原子核内の中性子の数が異なる場合があり、これらを同位体と言って同じ炭素原子でも中性子の数により軽いものもあれば重いものもある。どの元素でも同じことが言え、たとえば窒素原子なら原子番号は7（七個の陽子がある）で中性子の数は六個以上存在し、存在する割合は中性子が七個のものが最も多い。

炭素には一五個の同位体があるが、実は十分長い時間安定しているのは炭素12（陽子六個と中性子六個）と炭素13（陽子六個と中性子七個）のふたつだけだ。放射性炭素年代測定法に利用される炭素14は徐々に崩壊して五七〇〇年で半分が窒素に転換する（半減期が五七〇〇年）。この崩壊を原子の時計として利用すれば有機物の年代測定ができる。窒素にも一六種類の同位体があるが、安定しているのは窒素14と数少ない窒素15のふたつだけだ。化石の骨に存在する炭素と窒素それぞれの同位体の割合から、その骨を形成した食事の内容まで推定できる。たとえば食物にした植物が異なれば、炭素同位体の割合が異なり、亜熱帯の草本類を豊富に摂取していれば、樹木や温帯植物に由来する食物が豊富な食事に比べ炭素13の割合が大きくなる。窒素同位体の割合からはどの程度肉を摂取していたかと、食事に海産物が多く含まれていたかどうかがわかる。

考古学と同位体による証拠から、いろいろな場所、様々な時代に消費されていた食物の種類について蓋然的な状況を想像できるようになった。現代の食事にあってパレオダイエットに含まれない食物が大量の穀物と乳製品で、どちらも農業が発達してから生まれた食品だ（第三章参照）。もちろんパレオダイエットでは現代食では当たり前になっている加工食品も除外されるので、コーンフレークやパン、ソーセージロール、調理済み食品、ケーキ、ビスケット、スイーツや炭酸飲料も摂取しない。

しかし、考古学的証拠から推論できる食物の種類のリストと様々な食物の割合（植物対肉、海産物対陸上食物）に関するおおまかな理解を、現代世界の現実的な日常食としてポンと導入するのでは飛躍が大き過ぎる。洞窟絵画はわたしたちの祖先が肉を食べ蜂蜜を採取していたことを教えてくれても、ダイエット療法に取り入れるほどの内容はほとんどない。この飛躍を後押しするには、現代の食習慣からはほぼ孤立した現存する狩猟採集民社会を調査すればヒントが得られるだろう。考古学的証拠に現代の観察を結びつけたこの方法論を軸にして二〇〇二年に栄養学者、運動生理学者のローレン・コーデインが発刊した書籍『パレオダイエット（The Paleo Diet）』は穴居人の栄養学に関して決定的な影響力がある。

コーデインがパレオダイエットを思いついたわけではないが、この概念をメインストリームに押し上げる上で最大の貢献をしたと言っていいだろう。実際コーデインの著書の根幹となっている栄養学の基本の大部分は一九八五年にスタンリー・ボイド・イートンとメルヴィン・コナーが発表した論文によるもので、パレオダイエットの基礎はこの論文によって培われたと言っていい。イートンとコナーの論文「旧石器時代の栄養（Paleolithic Nutrition）」は権威ある医学雑誌ニュー・イングランド・ジャーナル・オブ・メディスンに掲載され、食事に関する考古学的証拠を調査し、現代の狩猟採集民の栄養を再検討してわかってきたことを示し、過去の食習慣と、肥満につながる現代人の栄養摂取の違いを明らかにした。この論文の最後で著者らは新たに登場すべき有効な食習慣の舞台を用意していた。イートンとコナーは次のように述べた。「遠い昔の祖先の食事は現代人の栄養摂取の参照標準となり、特定の『裕福病』の予防モデルとなるだろう[18]」。

イートンとコナーはこの考えをさらに深め、一九八八年にアメリカの人類学者マージョリー・ショスタックとともに『旧石器時代からの処方箋（*The Paleolithic Prescription*）』を出版した。ショスタックは、カラハリ砂漠に住む狩猟採集民集団でブッシュマンとしても知られるクン・サン人のフィールドワークを指揮した。『旧石器時代からの処方箋』で強く主張しているのが進化的な「不調和仮説」（わたしたちが受け継いだ進化的遺産と現代世界との不適合を彼らはそう呼んでいる）で、進化的不適合という概念をメインストリームへ押し上げた。コーデインの著書が出版されてからパレオダイエットが人々の間に定着し大衆に注目されたわけだが、それにはこうした背景があったのだ。アマゾンのウェブサイトでパレオダイエットについて検索すれば、すぐに一万冊以上の書籍が出てくるし、グーグル検索では九四〇〇万件以上の記事がヒットする。肉食ダイエットやケトジェニック・ダイエット、デュブロウ・ダイエット、ヌーム・ダイエット、聖書からヒントを得たシェパード・ダイエットまで競合するダイエットが数あるなかで、パレオダイエットの人気はいまだに衰えず健在だ。

公式のパレオダイエットというものは存在しない。パレオダイエットはどちらかと言えば食事哲学のようなもので、多くの著者がその基本教義を様々に解釈し、いろいろな食事法やレシピを提案している。ダイエット商品でひしめき合う市場でこのダイエットが抜きんでることになるのかはわからないが、全体的に見ればパレオダイエットのトレンドが来ているようではある。パレオダイエット提唱者は、乳製品や穀物、砂糖、豆類、加工油そして塩といった食品は旧石器時代には存在しなかったという理由で排除し、果物や野菜、ナッツ類、肉や魚を受け入れる。コーデインは、赤身肉と魚類を同量ずつ、そして果実や野菜、ナッツ、種子を同量あわせたもので毎日必要なカロリーの五五パーセントを賄うことを推奨している。他の著者はこれらの数値を微調整しているが、おおよそ似たり寄ったりだ。このダイエットの基本をおさえるには、現在の食事をチェックしてみればいい。今が二万年前の食卓だとして、あなたは矢をもちサバンナに裸で立つか、銛《もり》を手に海岸に立ち獲物を狙う。そんな時代に目の前にある現在のこの食事はリアルなものといえるかチェックするのである。ペパロニピザをミルクで流し込むのは御法度。肉ひと切れに野菜ならＯＫだ。ただしチェックの際には、現在わたしたちが食べている大部分の野菜は、人為的な人工育種によって進化してきたもので、旧石器時代《パレオ》の野菜《ベジ》とはちっとも似ていないことには目をつぶっておくこと。

　しかし本当に重要なことは、あなたが食べようとしているフィッシュ・アンド・チップスが「パレオ」（魚を油で揚げず小麦粉もまぶしていなければＯＫ）かどうかではなく、そのダイエットは本当に効果があるかだ。二〇一七年、ジョナサン・オバートは同僚とともに四つの体重戦略に関する科学、医学論文のレビュー論文を発表し、それらの戦略のひとつにパレオダイエットを取り上げていた。とにかく早く体重を落としたいということなら、なかなかの効果がある。少なくとも九つの試験でこうしたダイエットで体重が減少したり腰回りが細くなったりするなど、短期的な効果があることが示された。パレオダイエットの信奉者にとってはうれしいニュースだが、オバートらは批判的で、試験は継続時間が短く説得力不足で、基本的に検証した被験者が少な過ぎると指摘している。

特定の介入や治療の効果を調べる究極の試験といわれるのが「無作為化比較試験」だ。この試験では被験者を治療集団とコントロール集団にランダムに振り分け、両グループの結果を比較することで治療法あるいは介入が有効かどうかを科学的に高い信頼性で評価できる。パレオダイエットに対する無作為化比較試験はスウェーデンで実施され、その結果が二〇一四年に発表された。ＢＭＩが二七以上の閉経後の女性七〇人の被験者をパレオダイエットのグループ（女性三五人、ＢＭＩの平均値は三二・七）と「北欧栄養勧告ダイエット」［https://www.norden.org/en/news/nordic-nutrition-recommendations-puts-sustainability-agenda 参照］のグループ（三五人の女性、ＢＭＩの平均値は三二・六）に振り分けた。パレオダイエットはカロリーの三〇パーセントをタンパク質から、四〇パーセントを脂肪から、そして三〇パーセントを炭水化物から摂取し、基本的な食物はご存じのように赤身肉、魚、卵、野菜、果物、ベリー類とナッツだ。また被験者はアボカド（脂肪源）を食べることができ、ナタネ油やオリーブオイルを調理やドレッシングに利用することもできた。ちなみにこれらのオイルは例の「矢をもちサバンナに裸で立つ」テストはクリアできない。予想通り乳製品やシリアル、食塩の添加、精製脂肪そして砂糖はすべて除かれている。一方「北欧栄養勧告ダイエット」は、一日の摂取カロリーをタンパク質から一五パーセント減らし、二五〜三〇パーセントを脂肪から、五五〜六〇パーセントを炭水化物から減らすことを目標とし、低脂肪乳製品と繊維質の多い果物と野菜の摂取を重視している。総括すれば、両集団は実験前までは一日平均約二三〇〇キロカロリーを消費していたのに対し、実験中は平均二〇〇〇キロカロリーを摂取した。従って短期間で急激に体重を落とす、いわゆるクラッシュ・ダイエットではない。この試験はまるまる二四か月かけて行われたので、特にパレオダイエット集団の場合はライフスタイルも大きく変化する。そこでダイエットを続け、有効なデータが得られるように、被験者にはレシピや料理教室、グループミーティングなど十分な支援体制が提供された。[19] 注意が必要なのは、この種の試験が信頼性の高い臨床の場で行われることはめったにないことだ。パレオダイエットの被験者がこっそりファストフードのハンバーガーやミルクセーキを飲食していたとしても、研究者にはわからない。

六か月後、両集団は試験前より体重が減りBMI値と腰回りサイズが大きく減少した。パレオダイエットの集団は体脂肪が平均六・五キロ減少し、北欧栄養勧告ダイエットでは二・六キロの減少だったので、パレオダイエットの方が二倍以上減少したことになる。この結果は印象的だ。なにしろ帝国単位でちょうど石器時代を象徴するかのような一ストーン（六・三五キロ）に当たるのだから。次の六か月でさらに体脂肪は減少したが、面白いことに一二か月以降はどちらの集団も体重その他の測定値が安定状態に達し変化が見られなくなった。パレオダイエット集団のリードも続かなくなり、二四か月後には両グループとも同水準に落ち着いた。

パレオダイエットは初期のような好成績は得られなくなっても、減量という点ではうまく機能する。パレオダイエットの場合、全体的な体重の減量とともに、初期の急速な減量が有効で、ダイエットに取り組んでいるとその効果がすぐに数値に表れるので、継続の動機付けにもなる。しかしここで現《うつつ》を抜かしていてはいけない。長期的にみれば（二年間）パレオダイエットでも減量水準が標準的なカロリー制限ダイエットと変わらなくなることをおさえておくべきだ。だから長期的に減量する場合は、二十一世紀の食事か石器時代の食事かといった食事の内容ではなく、単純にエネルギー過剰摂取量の方が重要になる。この研究で確認できたのは、エネルギー消費量よりエネルギー摂取量が少なければ減量できるという実に当たり前の事実だった。結論をいえば、パレオダイエットにも多くの改良版があるが、とにかくこの方法でうまく減量できるのは、カロリー摂取の制限を継続できるからなのだ。魔法のような食事のメニューがあるわけではなく、規定の二倍量を毎日食べていれば、バーガージョイントへ通い詰めるようなもので、確実に体重は増える。

　石器時代へのタイムスリップに期待している人には申し訳ないが、パレオダイエットは多くの点で健康に重大な影響を及ぼす可能性があることが、少なくともいくつかの研究で指摘されている。オーストラリアで実施されたパレオダイエットの有効性に関する研究の参加者は、カロリー制限による一般的なダイエットに比べ、下痢を起こすことが多かったと報告し、参加者の六九パーセントが食料品の購入費用が増加したことを報告している。[20]興味深い上確かに無視できないのは、参加者の四三パーセントが、パレオダイエットは健康によくないことがわかったと答えていることだ（おそらく下痢が続きトイレへ駆け込まなければならない不快感も影響している）。またパレオダイエットでよく見られる健康リスクとして骨密度の減少があり、特に高齢者の場合、骨が弱くなり骨折しやすくなる骨粗鬆症を起こす。わたしたちの食生活の中で主要なカルシウム源となっているのが乳製品だが、パレオダイエットでは乳製品を排除するため、骨を形成する重要なミネラルであるカルシウム摂取が低下する傾向がある（詳しくは第三章参照）。パレオダイエットを取り入れた場合の骨密度への影響に関する長期的研究は少ないが、パレオダイエット支持者はカルシウムは乳製品以外の食物にも含まれ、骨形成にはマグネシウムとビタミンDも欠かせないと、ことあるごとに指摘する。確かにその通りだが、マグネシウムを亜麻仁（フラックスシード）やアーティチョークの芯から摂取し、カルシウムはたとえば骨ブイヨンや牡蠣、イチジクから摂るとすると、一般の人がそうした食事を日常的に維持するのは難しいのではないだろうか。

不適合と遺伝的な遺産

二十一世紀の食事と祖先の簡素な食事の違いは、「進化的不適合」として最もよく知られ現代の肥満という悩みの原因とされているが、すでに見てきたように飢饉に適応した倹約遺伝子仮説は、幅広く、少なくとも人間集団全体について証拠によって裏付けられたわけではない。「浮動遺伝子仮説」（72、95ページ参照）もよく知られるようになってきた遺伝的説明のひとつだが、倹約遺伝子仮説より設定が複雑なわりに満足のいくものではない。浮動遺伝子仮説は適応を用いない仮説で、祖先の生活に深く分け入ると同時に、想像していたよりずっと幅広い生態学的要因が絡んでくる。どちらの仮説が生き残るにしても、また現実には両仮説やその他にも将来提案される仮説を組み合わせて考えるようになるとしても、明らかなのは、進化的過去という遺産がわたしたち人間の現在そして未来の土台であり、そこに現在のように高カロリーを摂取でき捕食者や飢饉のない世界での生活が重なることで、健康な体重を維持するために多くの人が苦労を強いられているということだ。

農耕以前のルーツを探り、よりシンプルに生きていた時代の食事を取り入れるというアイデアは魅力的で、そうした試みを支える重要な産業も生まれた。これまで見てきたように、このアプローチは減量に効果はあるものの費用が高くつく上、結構面倒なため、一般的なカロリー制限型ダイエットより有効とは言えないだろう。骨に悪影響を及ぼす可能性もあるが、そうしたリスクはサプリメントの服用や不足しがちな栄養素を豊富に含む食物を選ぶことで減らすこともできるだろう。

パレオダイエットの弱点はひとつの単純な仮定に基づいていることにある。わたしたち現代人が農耕以前の時代を生きた人間と同じだという仮定だ。パレオダイエットはひとつの介入として、またひとつの哲学として、わたしたち人間は過去一万二〇〇〇年の間は、少なくとも様々な食物を代謝する身体能力については、進化しなかったと仮定しているのである。農業の発達がわたしたちの環境にもたらした影響の大きさを考えれば、この仮定はあまりに大胆過ぎるように思える。次章で論じるように、農業の発達そして穀物と乳製品の利用は、人間にかなりの進化をもたらし、のちにはもっと重大な不適合を生みだすことになるのである。

第三章　不耐症というパラドクス

なぜかわたしたちは今はもう存在しない世界に完璧に適合するように進化していて、人間が自ら作り上げてきた環境に適応するという目的にはそぐわなくなっているらしい。この考え方は腰回りのサイズが大きくなることについては、確かに検証に耐えてはいる。多少ひとりよがりに「わたしが太っているのは飢饉への適応に過ぎない」と主張する倹約遺伝子仮説は世界中で裏付けられているわけではないが、世界的な肥満危機の際立った特徴のひとつについては確かに説明できているように思える。たとえば経済指標を横軸に肥満率を縦軸にとって国別にプロットした「肥満—経済グラフ」の左隅最上部に南太平洋島嶼国がかたまっている理由だ。「倹約遺伝子仮説」とは異なる解釈の「浮動遺伝子仮説」(Drifty gene hypothesis) は、捕食者が消えたことで体重の上限値が上方へ「浮動」したため、肥満に対する強い選択圧がかからなくなり肥満が増加したと主張する。進化史上ではごく最近になって安価で糖分が多く、脂肪が豊富な高カロリー食品をどこでも入手できるように環境が変化するまで、この浮動による緩やかな変化はおそらく気付かないまま進行していたのだろうが、十分食べられる時には人はいつでも肥満になっていたのである(ヘンリー八世がその典型だ)。

しかし、上っ面だけの進化的思考をダイエットに応用し始めると、困ったことが起きる。パレオダイエットはカロリー制限ダイエットによって減量できるのと同じ理由で効果が出るのだが、このダイエット法は過去一万二〇〇〇年くらいの間、人間の進化は轍《わだち》にはまったまま停滞していたと仮定している。わたしたちは旧石器時代の祖先とまったく同じだと、暗黙のうちに前提しているのである。ところがすでに見てきたように、南太平洋ではそうした仮定はまったく当てはまらなかった。さらに浮動遺伝子仮説が南太平洋の人間集団全体に当てはまるなら、一万二〇〇〇年前から人間の定住社会は捕食者の脅威から大いに解放されてきたのだから、わたしたちの上限体重の浮動(適応によらない進化的変化)が減少することもなかったはずだ。進化は脂質の代謝に影響を与えただけでなく、他にも最近の食事に関連する変化を起こしている。いろいろな食物を身体が処理し消化する能力の変化は、最近の人間の進化の最もよい事例だ。こうした変化からわかるのは、わたしたちが自ら生み出した環境の変化に適合するために人間はかなり急速に進化できること、それと同時に直近の環境的変化は単純に進化では追いつけないほど急激であることだ。要約すれば、大規模な環境の変化が起きると進化的な不適合が生じ、ある時には進化的な対応によってその不適合を克服できるが、屈服せざるを得ない時もあるということだ。農業の発達はそうした研究事例を提供してくれている。

農業の誕生

約一万二〇〇〇年前ごろ人間環境にまさに大きな変化が起きた。植物を採集するより栽培する方がよっぽど簡単で、槍や矢で動物を仕留めるより動物を飼う方が遥かにうまい方法であると人間はようやく気付いたのである。しかしベリー類を集めたりシカを狩る生活から、一人前の農業システムへの完全な移行は一夜にしてできたわけではなかった。狩猟採集民的段階からより強く農業に依存する段階への転換の進行はかなりゆっくりだった。様々な地域で人口が集中する都市が生まれ、いわゆる文明が形成されるなかで、農業は文化的発達と並行しながら複数の地域で進展した。もちろん果物やナッツ類など天然の季節の恵みを採集したものや、狩りで仕留めた野生動物が食卓のレパートリーから消えることはなかった（最近では採食がブームにさえなっている）。それでも特に人口が集中する大きな都市やその近郊で生活する人々をはじめ、多くの人にとっては、食事のたびに天然の食糧貯蔵庫から直接食物を採集してくる必要はなくなっていた。次第に集中的な食糧生産が進むと、長い道のりではあるが近代へ向けてかなりのスピードで走り出した。いわゆる新石器革命における農業の発達が極めて大きな事件であったことは間違いない。

その頃すでに人類は広範な地域に分散していた。アフリカ、ヨーロッパ、中東そしてアジアにはすでに人間が居住していて、インドネシアとオーストラリアにも定着していた。約二万年前、いわゆる「最終氷期極大期」が終わり、それまで北半球の大部分を覆っていた氷床が後退し始め、当時南方まで達していた氷床も二度とそこまで戻ることはなかった。氷床が融解すると、人間は北へ向かい、現在の北東シベリアとアラスカに当たる地域を接続していた陸橋を渡った。この移動によって人間のアメリカへの定住が始まり、ホモ・サピエンスの分布がまさに地球規模の広がりをみせる時代が始まった。こうして人間が地球規模で進出したことによって、必然的に農業もそれまでは地球規模で見れば離散的に存在していた中心地から、全世界に拡散することになる。それと同時に進歩した技術と知識もこうした中心地から遥か彼方の人間集団まで数千年をかけて広がった。農業の発達とそれに続く拡散を後押しした原動力を説明する試みとして、必ずしも相互に排他的というわけではないが、数多くの競合する仮説が存在する。考古学的な証拠がさらに充実し、農業が発達した時期の気候と環境に関してさらに多くのことが解明されれば、農業の発達についてさらに細かい部分まで明らかになることは間違いないだろう。

農業は本当に健康に悪いのか

自らの食物を生産することと家畜を飼う技術と知識を発達させたことは、人類最大の偉業のひとつで、こうした農業がなければ現代世界、そして今日の人間の成果と考えられるあらゆるものは実現していなかっただろう。農業の最も重要な役割は食物を採集するという毎日繰り返さなければならない労働から人々を解放したことにあった。さらに食糧の生産と流通をある程度うまく管理できるようになり、食糧の短期的、長期的保存が可能になると食糧に余剰が生まれ、第二章で論じた干ばつや突然の寒波などの気候に起因する食糧不足を緩和できるようになった。つまり豊富な食糧生産と安定した備蓄があれば、それまで機会をうかがい自然環境の中に分け入っては苦労して見つけたものを何でも食べて暮らしていた人間集団にとって、楽園が与えられたようなものだったのではないだろうか。そう思えるからこそ驚かされるのは、農業革命は実は人間の健康の劇的な劣化と手を携えて登場したことだ。[1]

新石器時代の農業革命に対する人間の反応を再現するには、様々な資料からの広範な証拠を総合しなければならない。保存されている新石器時代の人間の歯もそうした証拠となる資料のひとつで、簡単な解釈によっていろいろなことがわかる。農業初期の食事によって人々の口腔衛生は狩猟採集民の祖先と比べてかなりひどい状態になっていた。小さくなった歯が密集し、虫歯や歯周病が増えていたのである。こうした歯科疾患は、この時期に人間の顔面形状に大きな進化的変化が起きたためと考えられ、第一章で解剖学的現世人類の特徴を考察した時にすでに見てきた。現代人の決定的な特徴のひとつが顎の先端部がよく目立つようになったことで、顎全体が短く額が垂直になったことも重なり、顔面は相対的に小さく垂直に近くなった。農耕以前の旧石器時代、人間の頭蓋骨は後の新石器時代の人間より大きく重かったが、農業で得られる食物を食べるようになると、食物を粉砕する能力の必要性も変化した。石器時代の石杵や石皿などの考古学的証拠から、祖先は穀物などの食物を現代のわたしたちと同じように物理的に加工し、より美味しく幅広い料理をしていたことがうかがえる。新石器時代の調理は旧石器時代よりさらに加工技術が進歩し、食物はずっと軟らかく楽に嚙めるようになった。こうして新石器時代の祖先は食品加工を自分の歯から手にアウトソーシングしたことで、顎がだるくなるほど口の中で食物を加工しなくてすむようになり、大きな咀嚼筋（嚙み砕くための筋肉）を頭蓋骨に収めておく必要もなくなった。すると次第に頭蓋骨の形状、比率や角度に進化的変化が生まれた。こうした変化には、歯並びの変化では生じなかった顎の大きさの調整もあった。上品な頭蓋骨に合わせて小さくなった顎に、数はそのままで小さくなった歯がぎゅうぎゅうに詰め込まれ、歯は超過密状態になった。すし詰め状態の歯と歯の間にはわずかな隙間しかなく、そこにバクテリアが繁殖し、う蝕が形成された。こうして人類は虫歯の時代を迎えたのである。

他にも食物の加工によるもっと小さな影響として歯に摩耗が起きていたことが考古学的資料から判明している。歯のエナメル質上にできる細かい穴（窩状痕）や線条の傷（線条痕）を「マイクロウェア」といい、この傷の隅々にう蝕の原因となるバクテリアが生息するようになる。石器を使って食物を加工すると、食物中に歯に当たる砂状の細かい石粒子が混入し、それがエナメル質にマイクロウェアを残した。マイクロウェアができたとしてもいつも狩猟採集民のような粗食であれば、傷が磨きあげられるのだが、砂粒入りの軟らかい食物ばかり食べていたのでは、この研磨効果がなく虫歯を生むこととなった。

初期の農業は歯を弱くしただけではなかった。狩猟採集民の集団は初期の農業コミュニティーよりずっと規模が小さく、食事の選択肢は、環境による厳しい制約はあったものの、ずっと幅広かった。農耕による比較的限られた範囲の食物に依存していた人々と比べると、環境条件の気まぐれはあっても、実際には狩猟採集民の方が栄養不足による疾病にはかかりづらかったのである。早い時期に農業を始めた人たちは、主にソバやコムギ、キビ、トウモロコシそしてコメのうち一種類からせいぜい三種類の作物に依存していた。コムギやソバ、キビのような穀類からは炭水化物は豊富に得られるが、十分な栄養摂取に欠かせないビタミン類やミネラル類はあまり含まれていない。たとえばこれらの穀類には鉄分やカルシウム分が少なく、しかも鉄やマグネシウム、さらに影響は小さいがカルシウムの吸収も阻害するフィチン酸を含んでいるため、状況はさらに悪くなる。トウモロコシはある重要なアミノ酸が不足し、鉄分の吸収を阻害し、食事がコメに偏っている場合にはビタミンAが不足する。これらの主要作物には鉄分とカルシウム分が少ないだけでなく、一般にタンパク質の含有量も少ない。あらゆる穀類に不足するこれらの栄養の供給源が肉類だが、初期の農業コミュニティーでは彼らの祖先と比較して肉類の摂取はかなり少なかったことがわかっている。このことから初期の農業社会では、亜鉛とビタミンB12も欠乏していたのではないかという指摘もある。鉄とビタミンB12の不足は貧血症の主な原因となり、いくつかの新石器時代の骨格標本に見られる特徴的な骨病変には確かに貧血症の徴候を捉えることができる。

他にも新石器革命が身体を弱体化させた影響が骨格からわかる。人間の身体が全体的に縮み、身長は低くなり、体型は華奢になり、成長の停止が集団レベルで明らかにされた。骨格は活動する場の環境に容易に適応するので、農業というライフスタイルで体力的な要求が減ったことも体格のスリム化に影響したのだろう。肉体を使って働き、骨格の様々な部分にストレスや負荷を加えると骨量は増加する。しかしこの怠け者農夫仮説では新石器時代の遺物に観察される多くのことが説明できない。歯のエナメル質に見られるはっきりとした形成不全の徴候や、骨に残されている「成長停止線」(成長が停止していた期間を示す木の年輪のような線)と骨の脆弱化(骨減少症、さらに重傷化して骨粗鬆症など)を示す証拠は、どれも多かれ少なかれ栄養失調と関連する。

新石器時代農業の初期に食事が変化したことでいくつか問題が起きたが、さらに農業の発展は生活様式を変化させ、それは狩猟採集民時代の祖先と比較して活動量が減少したという変化を遥かに超えた、劇的な変化だった。大きなコミュニティーや都市も出現して人間が集まるようになると、人口が多いだけでなく人口密度も高いエリアが生まれた。わたしたち人間は社会的生物なので（詳しくは後の章を参照）、複雑な関係の中で相互作用している。遊びや仕事、生活を共にし、挨拶をし、ハグをし、キスをしてセックスをし、いつでもつばを飛ばしながらおしゃべりをする。こうした相互作用の機会は人口密度の増加とともに大きく膨らみ、知識と疾病が伝播するようになる。

集団が小規模で互いに離れて生活していると、人口密度が高い集団と比べて感染症が流行、蔓延する確率は大きく減少する。農業の誕生とともに出現した町や都市は、多くの人々を狭い地域に押し込み密集させ、劣悪な衛生状態も相まって、それまでは聞いたこともないような疾病の集団発生に理想的な条件を生み出していた。案の定、新石器時代の人間の骨格の分析からは、感染症によって大きな生理学的ストレスを受け、さらに栄養不足が重なって健康状態が悪化したことが示唆されている。

初期の不適合

初期の農業は実際には数少ない作物に依存していたため栄養不足ぎみになり、さらに同時に生じつつあった社会的なライフスタイルの変化もともなって、人々には深刻な影響が忍び寄っていた。こうした初期の農民は確かに「目的不適合」な状態にあったのである。人間の脳の強力な機能は作物の栽培を実現し、さらに課題を考え具体的な解決策を実現することで、自らの環境を変化させてきた。最近のわたしたちのライフスタイルも大きく変化したように思うし、確かにそのとおりなのだが、新石器時代における農業への移行は、全体的な影響からみて最近の変化とは比較にならないほど圧倒的に革新的なものだった。現代との大きな違いは、新石器時代の人口が少なかったことと（おそらく当時の人口は五〇〇万人ほどだっただろう）、農業への移行が数千年をかけて世界中で起きた点にある。そしてこの農業への移行は、人間がいかにして環境を変化させるのか、自らを目的不適合な存在にするのか、さらに自ら生み出した問題を解決できるのかについて非常に有益な事例を提供してくれる。そうだとすれば新石器革命は多くの点で現代のわたしたちのよいモデルとなるだろう。

新石器時代の骨から得られる証拠から強力に示唆されている栄養学的問題がカルシウム不足だ。カルシウムはリンや酸素と結合しリン酸カルシウムを生産する金属だ。リン酸カルシウムは骨を形成するミネラル成分で、骨格の強度を高めている。骨格は常に骨が形成されては再吸収される動的なシステムなので、カルシウムの摂取量が少ないと骨格の形成と強度の維持に悪影響を及ぼす。カルシウムは食事を介して骨に届くが、学術誌オステオポロシス・インターナショナルの論文で示されたように、現代のカルシウム摂取量は世界を見渡してみると非常に大きな違いがある。[2] イギリスやアイルランド、ドイツ、フランスなどの北ヨーロッパ諸国と、これらの国からの移住者の流入によって発展したアメリカ合衆国やオーストラリアなどの国々では、食事でのカルシウム摂取量が比較的多い。一方、非常に人口の多い中国やインド、インドネシア、ベトナムといった南アジアや東南アジアそして東アジアの諸国では特にカルシウム摂取量が少ない。カルシウム摂取量が一日四〇〇ミリグラム以下になると、骨粗鬆症を発症する危険因子となることが知られていて、この研究では中国とインドネシア、ベトナムがこのレベルよりかなり低く（それぞれ平均で一日三三八ミリグラム、三四二ミリグラム、三四五ミリグラム）、インドでは四〇〇ミリグラムをわずかに上まわっていた（一日四二九ミリグラム）。[3]

こうしたカルシウム摂取量の世界的分布パターンから、わたしたちの祖先が新石器時代のカルシウム危機を乗り越えてきたヒントが得られる。というのもカルシウムの豊富な食事を摂っている国々では、カルシウムの大部分を乳製品から摂取しているからだ。アメリカにおける調査では、たとえばカルシウム摂取の七二パーセントが直接乳製品（ミルクやチーズ、ヨーグルトなど）か乳製品が加えられた食品（ピッツア、ラザニアなどのチーズを載せた料理や乳製品を使ったデザートなど）による。残りのカルシウム供給源は野菜（七パーセント）や穀類（五パーセント）、豆類（四パーセント）、果物（三パーセント）、肉、鶏肉、魚肉（三パーセント）、卵（二パーセント）、その他の諸々の食品（三パーセント）となっている。イギリスでは直接乳製品から摂取している割合はアメリカと比べてわずかに低いとはいえ（五〇～六〇パーセント）、大部分のカルシウムを乳製品から摂取している。

イギリスで育った者にとって食事に乳製品が欠かせないのは、ミルクを飲むことは骨を健康にすることとほとんど同じ意味だからだ。わたしが一九七〇年代後半にデヴォンの初等学校に入学すると午前中にミルク・タイムがあって、生徒はみな骨にいいということでほぼ強制的に毎日牛乳瓶一本分のミルクを飲まされた。学童にミルクが無料提供されるようになったのは、低所得と栄養失調、学校での成績不振の間に関連性があることを明らかにした研究に応えるかたちで、一九四六年に無料ミルク法が可決されたことによる。中等学校でのミルク提供は財政上の都合で一九六八年に停止され、一九七一年には同じ経済圧力により七歳以上の学童用ミルクも廃止された。当時教育大臣だったのがマーガレット・サッチャーで、のちにキャッチーで大衆受けする「サッチャー、サッチャー、ミルク・スナッチャー(ミルク泥棒)」という反サッチャリズム・スローガンで記憶されることになった。しかし当時の文書によると実際にはサッチャーは無償ミルク配給を維持しようとしていたが、エドワード・ヒース首相によって破棄されていたのである。些細な問題にもみえるが「児童用無償ミルク」論争は一九七一年では終わらなかった。一九八〇年代も議論はずるずると続き、児童への無償牛乳配給は様々な補助金と一九八〇年教育法などを介して生き延びた。わたしの子どもを含め五歳以下の児童に現在無償でミルクが提供されるのは未就学児童ミルク配給計画によるもので、その後はイギリスの牛乳給食大手のクール・ミルクなどの事業を介して補助金による割安のミルク配給が提供されている。「ミルクは健康にいい」という人の心に深く染みついたマントラは、実は子どもたちが家庭でも学校でも牛乳が飲めるように多くの親がお金を払っていることを意味する。

ミルクが健康飲料として崇められるようになったのは当然だ。ひとつはミルクと乳製品が一般的に優れたカルシウム供給源だということ。二五〇ミリリットルのコップ一杯のミルク（三二二ミリグラム）で得られるカルシウムと同じ量を摂取するにはブロッコリーなら六八五グラムも食べなければならず、太い軸の部分を切り落とすなら少なくともブロッコリー二株か三株分に相当する。乳製品以外にも比較的カルシウムが豊富な食物としてナッツ（グラス一杯のミルク相当のカルシウムを摂取するのに約二七五グラム必要）や卵（一二個前後）があるので、乳製品以外の食品からカルシウムを摂取で、き、るという主張を否定はできないが、乳製品は確かにカルシウムを超高密度で含む頼りになる食品といえる。カルシウム摂取量で上位に名を連ねる国々は大量に乳製品を消費する。この事実を一八〇度ひっくり返してみれば、摂取量が下位の国々がなぜカルシウム摂取量が少ないかもわかる。

アジアの食事ではミルクと乳製品はそれほど利用されないことから、アジアの国々で食事によるカルシウム摂取量が少ないこともほぼ理解可能だ。こうした状況はゆっくりと変化しつつある。特に中国では、主に都市部で乳製品の摂取が大幅に伸びているが、ヨーロッパ諸国と比べるとまだ大きな差がある。[4] ところが中国の食事における乳製品摂取量の増加は、その需要を満たすとすれば気候変動に悪影響を及ぼす可能性があり、環境問題評論家に懸念されている。[5] これらアジア諸国のカルシウム量の少ない食事による広範に及ぶ健康リスクについては、多くの国々での骨の健康に関する有意義な大規模研究が不足しているため、まだはっきりしてはいない。しかしデータが得られるところではその結論は心配になるほど明快だ。中国での骨粗鬆症に関する最近の研究では、五〇歳以上の人の三分の一以上（三四・七パーセント）が健康上の影響を受けていると結論づけている。中国と比較するとイギリスでは男性でわずか六・八パーセント、女性が二一・八パーセントとなっていて、フランスやアメリカ、ドイツ、スペイン、イタリアそしてスウェーデンでもほぼイギリスと似たような数値だ。[6] 相関関係が因果関係を意味するわけではないが、乳製品つまりカルシウムと骨粗鬆症とのつながりを無視することは非常に難しい。

ミルクで危機を乗り越える

新石器時代における農業発生初期の食事の問題は、農業の方針を見直すことで部分的には解決された。多種類の作物を耕作することで様々な栄養を摂取できるようになったのである。さらに近隣だけでなく遠方の様々な農業コミュニティーとの交易を通して農作物（や技術、知識）が得られ、さらに多様でバランスの取れた食事が発達した。このほかにもいろいろな改善が世界中で一歩ずつゆっくりと進み、約七五〇〇年前には、もっと急激で大きな発展が起きた。おそらくちょうどその頃ヨーロッパ中央部でミルクの飲用が始まったのである。もっと正確にいうなら成人が他の哺乳類のミルクを飲み始めたということだ。この食事の変化がいつ、なぜ、どのように生じたかがわかれば、わたしたちは変化する環境に対して進化によってどのように適合できるのか、そして最近変化したわたしたちの環境がなぜ世界中の多くの人にとってうまく適合しないのかが見えてくる。

ミルクを飲むことは哺乳類の子には自然なことで、本能的に乳房を探し出し乳首をくわえる。子育てをしたことがあれば誰でも経験があるだろうが、幼児はすぐに指や耳、鼻を吸おうとする。大部分の哺乳類の子は、代用になる乳首があれば瓶からミルクを飲ませることもできる。わたしも一度ムベジというシマウマの子どもに哺乳瓶から授乳する栄誉にあずかった。シマウマの乳首代わりのゴム製ガス・ホースをつけた清涼飲料用の瓶からウマの乳（粉末を溶かしたもの）二リットルをゴクゴクと一分足らずで飲み干した。哺乳類の子はミルクが大好きだし、そうでなければならないということもはっきりわかった。哺乳類の母親から与えられるミルクは非常に栄養価が高く、タンパク質と脂肪に加え、糖分として乳糖を豊富に含み、小さなヨーロッパヒメトガリネズミから巨大なシロナガスクジラまで様々な種の急速な成長を支える。人間で奇妙なのは大人になってもミルクを飲むことだ。人間以外の哺乳類では見たこともないだろう。それもそのはず哺乳類の成獣のほとんどはミルクをうまく消化できないのである。ミルクは文字通り乳幼児向けの食物なのだ。

ミルクの消化、なかでも乳糖を消化するにはラクターゼという酵素が必要になる。ラクターゼのたったひとつの機能がミルクを消化することで、哺乳類が子どもの頃だけミルクを飲むのは、乳離れしたあとこのラクターゼの活性度が極端に低下するためだ。進化は無駄を省く傾向があり、必要なくなったものは生産されなくなる。大人がミルクを飲むには、離乳後さらに成人になってもラクターゼの活性が継続する「ラクターゼ活性持続症」という適応進化を待たなければならなかった。この進化的変化は、実際には遺伝子変異だが、これがなければ、大人がミルクを飲むと消化器疾患を起こしてしまう。新石器革命時代の人間も消化器疾患を起こしていただろう。約一万一〇〇〇年前にはヒツジの家畜化が始まり[7]、少し遅れてヤギやウシも家畜化されていたことが明らかにされているが、当時の祖先はまだそのミルクを生のまま、あるいは多量に摂取することはできなかっただろう。

ラクターゼ活性持続症

人間の遺伝的特徴が環境に対応し、優れたカルシウム源である（そして脂肪とタンパク質の供給源でもある）ミルクを消化できる生化学的機能を獲得した者が現れ、飼育した家畜から乳を搾れるようになるまでに約三五〇〇年かかった。つまり、時間はかかったが、少なくとも農業が生み出した問題のいくつかをわたしたち自身が進化することで解決できたのである。しかしこの進化による解決は新石器時代のすべての人々に行き渡ったわけではなく、現在でもラクターゼ活性持続症は世界中にくまなく浸透しているわけではない。たとえばヨーロッパ北西部ではラクターゼ活性持続症の割合は八九〜九六パーセントと高い数値だが、[8]ヨーロッパを南あるいは東へ移動すると次第にラクターゼ活性持続症をもつ人の割合は減少する。たとえばギリシャでは、よく研究された集団のデータと、調査が進んでいない集団には理論的に補完する方法を用いて両者を組み合わせた研究から、ラクターゼ活性持続症の人の割合がわずか一七パーセントと推測されている。同じ研究からアイルランドではラクターゼ活性持続症が一〇〇パーセントと推定されている。[9]他にもサハラ以南アフリカや中東などでもラクターゼ活性持続症が高い割合でみられる。アフリカではラクターゼ活性持続症の分布がまばらで、隣接する集団の間でさえこの割合が大きく異なる場合がある。たとえばスーダン共和国におけるナイル河と紅海の間で生活する遊牧民（ベジャ族）と、隣接して暮らす半遊牧的な牧畜を生業とするスーダン南部のナイロート族（ナイル人）の研究から、ベジャ族の八〇パーセント以上が乳糖を吸収できるのに対して、ナイロート族の場合は二五パーセント以下であることが明らかになった。[10] アジアでの分布パターンはもっと単純で、全体的にラクターゼ活性持続症である人の割合はほぼ一様に小さい。中国の大部分の集団ではラクターゼ活性持続症は五パーセント以下で、東アジアとアメリカ先住民の集団でも同じくらいの頻度だ。

ミルクをカルシウム豊富な健康食品として重視する文化や国で育った多くの人はびっくりするかもしれないが、世界の大部分の大人はラクターゼ活性持続症ではない。つまり世界の大部分の人はミルクを飲めず、少なくともヨーロッパで普通に飲まれている量を飲むことができない。もちろん今日の世界でのラクターゼ活性持続症の分布パターンは、前に見た世界の乳製品消費パターンと綺麗に重なる。わたしたちは消化できない食物や身体を壊すような食物は口にしない傾向がある。この分布パターンからは、ラクターゼ活性持続症がなぜ、どのように進化したか、そしてこの比較的最近の進化が、現代環境に対して適合する集団と、不適合を起こす集団を生み出しているのかを知るヒントにもなる。

ヨーロッパのラクターゼ活性持続症は単一の変異で説明でき、その遺伝子頻度は過去七五〇〇年前後の間に大きく増加した。遺伝子研究から、その頃バルカン地域から中央ヨーロッパにかけた地域でラクターゼ活性持続症を発現する変異が増加し、拡大を始めたことがわかっている。[11] 乳糖を消化できる（従ってミルクを消費できる）性質が有利に作用するのは、利用可能な乳糖源が存在する場合に限られるので、ラクターゼ活性持続症は、ミルクを消化できれば非常に有利になる酪農コミュニティーから始まった可能性が高い。従ってミルクを飲む能力は農業技術としての酪農の文化的進化とともに共進化したことが推測できる。遺伝子と文化が相互に進化の継続を促すように共進化したのである。[8] ミルクを飲めるようになったコミュニティーはさらに乳製品に依存するようになり、その農業の形態や文化も乳製品を利用した食事への嗜好に適応するようにいっそう変化しただろう。ミルクが豊富な環境とそのことが有利に作用したことで、ラクターゼ活性持続症遺伝子は選択的に有利になったのである。[12] それから数千年分を早送りすると、本来はウシやヒツジ、そしてヤギのベビーフードだったミルクを日常的に大量に摂取する大人の集団が現れるのである。

アフリカとアジアでは、ラクターゼ活性持続症は非常にまれで、しかも状況はヨーロッパよりずっと複雑だ。ラクターゼ活性持続症遺伝子には四つの変異が知られていて、その数はさらに多くなる可能性もある。また変異の頻度も集団によって様々だ。集団によってこうした違いが生じるのは、各集団でラクターゼ活性持続症に作用する選択圧の種類と強度に関係しているのかもしれない。ヨーロッパでミルクを飲むことが選択されたのは、ミルクに含まれる乳糖とビタミンDが（牛乳やその他の食品からの）カルシウム吸収を高めることと関連しているとされた。特に北ヨーロッパのように太陽光の少ない地域ではビタミンD欠乏症の可能性があるため、ラクターゼ活性持続症は有利に作用しただろう。ビタミンDはカルシウムの摂取に不可欠で、皮膚内でコレステロールから合成され、その化学反応には太陽からのUV─B（波長が三一五～二八〇ナノメートルの紫外線）への曝露《ばくろ》が必要になる。従って、たとえばほの暗いスカンジナビア地方では、高濃度のカルシウムとビタミンDを含む乳製品を摂取することで、太陽光が弱いことによるビタミンD不足を補うこともできただろう。[11] この「カルシウム吸収仮説」というワンストップショップは実に魅力的だが、ヨーロッパでのラクターゼ活性持続症の広がりに関する研究では支持されなかった。この研究では、食事から得られるビタミンD源の必要性は、ヨーロッパにおけるラクターゼ活性持続症の説明にはまったく必要ないと結論づけている。そしてヨーロッパのラクターゼ活性持続症の変異がひとつだけである理由は、おそらく人間の歴史にあることを示唆した。

ミルクと乳製品は栄養豊富なカルシウム源であり、バルカン地域でのラクターゼ活性持続症の進化に続き、この地域からヨーロッパ全域に及ぶ人口増加の波が発生している。このことから、少なくとも数人の研究者によれば、ヨーロッパ中のラクターゼ活性持続症が同じ単一の変異によることを説明できるという。これとは対照的にアフリカとアジアでは、ラクターゼ活性持続症には多くの様々な選択圧がかかったことが指摘されている。たとえば水分摂取のためにミルクを飲む必要があったり、あるいは簡便なカロリーや栄養源として飲んだり、またマラリアの影響を緩和する潜在的機構としての選択圧などだ。[13] 従ってこれらの集団で見られるラクターゼ活性持続症の多様性は、それほど酪農に依存しない多様な農耕文化を反映している可能性がある。酪農が全域に拡大したヨーロッパとは異なるのである。

ラクターゼ活性持続症の進化について詳細まで正確に解明することは極めて科学的な研究になり、遺伝学と初期の人間集団やその文化と移動に関する情報を組み合わせた研究が現在進行中だ。詳細はともかくとして、ラクターゼ活性持続症という人間の進化には幸運な条件の組み合わせが必要だったことは明らかだ。主に食肉を得るために飼育していた動物からミルクが生産できるという環境の潜在能力と、大人がミルクを飲めるようになる変異の出現との組み合わせだ。こうした農耕文化と遺伝学との相互作用がなければ、ラクターゼ活性持続症は進化しなかっただろう。たとえば中国では全体的にラクターゼ活性持続症はまれで、歴史的にも酪農を展開する傾向が弱くミルクの摂取も少ない。どんな理由があったにせよ、中国では遺伝子と文化の連携は始動しなかったのである。

ラクターゼ活性持続症の進化は、人間自らがもたらした環境の変化に応じてわたしたちは進化することができ、実際に進化してきたことを非常にはっきりと示している。しかし同時にこうした進化は数千年という時間スケールのなかでかなりゆっくりと問題を解決することもわかった。不適合を修正する進化は、わたしたち自身が課した環境とその外側のさらに大きな環境双方の気まぐれと差異の影響を受ける。人間が集団に細分化されていることと、必要な変異は偶然に出現することから、ラクターゼ活性持続症の進化は地球全体でみると不均一に生じる傾向があった。グローバリゼーションの時代といわれ、長距離旅行が比較的容易になり、富と経済的自由も増した今日で**さ**え、人間は単一集団ではない。

わたしたちは相当に多様な集団に細分化されていて、環境と選択圧も集団間で、さらには集団内でも大きく異なっている。現在もわたしたちの問題を解決するために起きているであろうあらゆる進化的変化は、祖先が経験していたのとまったく同じ基本的な作用と過程に従っている。ラクターゼ活性持続症の進化は、自ら背負った課題を進化によって解決できるという思いを強くさせるが、実際には、少なくともわたしたちにとって現実的な時間枠の範囲では決してかなうことのない希望なのである。

グローバリゼーションと乳製品問題

かつて、大陸の片隅にミルクを飲む変わった人々がいるという知識は、世間話を盛り上げるための雑学情報に過ぎなかっただろう。ニュアンスとしては石器時代版変な外国人といったところだ。しかし、過去五〇年ほどの間に通信と輸送の技術が進歩したことで他の国々についてかつてと比べ圧倒的に詳しい知識を持てるようになった。さらにこうした技術発展とともに、最新医学の発展と先進諸国での疫学の発達、そして健康や栄養、食事の（常にではないが）証拠に裏付けられた関連性の認知も足並みを揃えて進んだ。こうした技術的進歩が多くの場合ラクターゼ活性持続症の割合が高い国々で起きたことで、必然的にミルクを健康食と同一視し、ミルクの摂取と西洋的ライフスタイルを融合させ、さらに「ミルクは健康にいい」というメッセージを世界中に拡散することになったのである。

そういうわけで現在では「ミルクは健康にいい」というメッセージは世界中に行き渡っているが、この一様な拡散はラクターゼ活性持続症の不均一な世界分布とは明らかに一致しない。この不一致は国レベルまた大陸レベルでも見られ、ラクターゼ活性持続症の頻度の高い国の国内でも生じる。事実としては、世界中で約三分の二の人が生のミルクを摂取できず、北ヨーロッパの人々の間でさえ、すべての人がこの能力をもっているわけではないのである。

近年中国で酪農が盛んになってきたことは、人間が環境に課したごく最近の変化がどのように自らの進化的過去と不適合を起こすかを知る上で有益な事例研究となる。中国がヨーロッパ諸国やアメリカ合衆国と比較して乳製品の消費が極めて少ないことはすでに見てきたが、現在では非常に低い水準から着実に増加しつつある。[15] 国際連合食糧農業機関(FAO)の推計では、中国のミルク消費は二〇〇二年には一日ひとり当たり二六キロカロリーだったものが、二〇〇五年には四三キロカロリーまで上昇しているが、ヨーロッパ諸国ではその二倍近くを消費しているのと比べると、まだ非常に低い水準ではある。中国の消費量が一〇〜一五年で上昇した理由は、政治的圧力も影響していただろうが、正確に断定することは難しい。それでも二〇〇七年に中国の温家宝首相が「すべての中国国民、特に子どもたちに毎日十分なミルクを提供する夢を抱いている」と述べた時、首相は独り言をつぶやいたわけではなかった。中国系イギリス人ジャーナリストで欣然《シンラン》というペンネームの作家でもあるシエ・シンランは、イギリスの新聞ガーディアンの自身のコラムでミルクを飲むことについて分析している。二〇〇六年には著書『中国人が食べないもの（*What the Chinese Don't Eat*）』を発刊し、中国の「牛乳化」を羨望的現象として解説している。シンランは「中国の人々は対外開放政策が始まるまで、世界の標準をまったく知らなかった。だから一九八〇年代の中国人はマクドナルドの製品を欧米の最高級食品と思い込んでいた」と述べている。「彼らは西洋人は肉とミルクで健康な暮らしを送っていると信じていた」のである。海外のライフスタイルが中国国内での選択に影響することは否定できないが、それが中国でミルクを飲み始めるようになった要因かどうかは論争の余地がある。

ハーバード大学教授のジェームズ・ワトソンは人類学者で専門は食と中国だ。ワトソンは、中国でのミルク消費の増加を駆動したのが欧米への憧れにあるとする説を否定し、簡単に手に入るようになったことが要因だったと指摘する。かつて中国ではミルクを飲める人がほとんどいなかったので、誰もミルクを生産しなかった。ラクターゼ活性持続症が定着していない国では酪農も定着しないのである。現代世界では大部分の人に乳製品が行き渡るようになったことで、乳製品の需要が生みだされたと、少なくともワトソンは考えている。教授はこの自説を「(ミルク消費の増加は)中国人がますます西洋化したからではなく、ただアイスクリームが大好きなだけだ」ととてもうまく説明する。しかし、今ではミルクと乳糖の知識があるのだから、中国人や世界中のほとんどの人は本当はアイスクリームを好きになってはいけないのである。多くの人にとってミルクは素晴らしい食品だが、三分の二の人はミルクを消化する遺伝的道具を持ち合わせていない。こうした人たちのことを「乳糖不耐症」と言うことが多いが、三分の二の人がこの症状をもつことを考慮すれば、こうした人たちの方を正常と言った方がいいのではないだろうか。

不耐症

大人になると乳糖を消化する酵素の活性が低下するため、ミルクや乳製品を摂取すると具合が悪くなる。乳糖不耐症の症状は感じのよいものではなく、下痢や胃痙攣、腹痛、鼓腸（腹部膨満）、吐き気、おならが出たりする。こうした症状が現れるかどうかは用量に依存する傾向があり、コーヒーに入れるミルク程度のごく少量の乳製品ならあまり反応しない人もいれば、もっと多量に飲んでも最初のうちは大丈夫だが、そのうち乳糖に対する身体反応が大きな問題になる人もいる。その反応はどの乳製品でも同じというわけではなく、バターやヨーグルト、チーズのような乳製品は生のミルクより乳糖が少なく、中には非常に少ない製品もある。バターはその一般的な製造過程で多くの乳糖が除去され、ヨーグルトやチーズはその発酵過程でも乳糖が減少し、同量の生ミルクに含まれる量の一〇パーセント以下にまで減少する場合もある。こうした乳加工品は乳糖が減少する上、乳糖反応が用量に依存することもあって多くの人が安心して利用でき、乳加工品のなかでもチーズの消費が増大し、それが世界中で乳製品の消費が増加する大きな要因となった。

チーズにはカルシウムが含まれ、それは非常によいことなのだが、高脂肪で高カロリーのチーズは実に多くの料理と非常に容易に組み合わせることができる。日が暮れれば夜が来るほど確実に、乳製品の消費の増加が中国における肥満の増加とつながっているとする指摘もあるが、欧米スタイルのファストフードの浸透など他の要因も関係するだろう。乳製品が肥満増加の原因だとすれば、前の章でうなずかされたように、複雑な現代の環境が人間の進化してきた歴史に抗うことが、いかに問題を起こしているかを示すよい事例になる。テクノロジーが生みだした現代世界では、ミルクを消化できるように進化していない集団にまで「ミルクは健康にいい」というメッセージを浸透させている。そのため不都合の回避策として多量の加工乳が消費されているが、その結果カルシウム摂取量が低いことより遥かに大きな健康リスクとなる肥満が生まれているのである。

　乳糖耐性のない人も飲みやすくなるという加工乳の利用は現代の特徴ではない。考古学に化学の知見を組み合わせてチーズ製造の歴史が研究されていて、土器の破片にこびりついた脂質の残留物に含まれる炭素と窒素の同位体比（第二章参照）を分析することで、その残留物が肉か魚なのか、ミルクあるいは発酵乳製品なのかがわかる。二〇一八年にクロアチア、ダルマチアの海岸で出土した土器にこの技術を応用してみると、地中海地域における最古のチーズ製造が七二〇〇年前にまで遡れることがわかった。さらなる発見と分析技術が向上すればこの年代はさらに遡れる可能性もある。[15] ミルクからチーズ製造への飛躍はおそらく最初は偶然だったのだろうが（勇敢にも最初のチーズを腹に収めた古《いにしえ》の先駆者たちに脱帽）、酪農家にふたつの重要な恩恵をもたらすことになった。第一にチーズは生のミルクよりずっと長く保存できること、そして第二に、チーズは大人も食べられることだ。大人がチーズを食べられるようになり酪農業が増加することになるのだが、すでに見てきたようにこの食文化の変化はラクターゼ活性持続症の進化と手を携えていたのだろう。

ラクターゼ活性持続症と乳糖不耐症がコインの裏表であることは、どこでも乳製品が手に入る現代世界において、進化により前もって準備が整った人間と、整わなかった人間が生まれたことを示している。次に乳糖不耐症が多い国々で酪農の増加が総合的に見て健康にどのように影響したかを見なければならないが、食事によるカルシウム摂取量が増加しても骨粗鬆症は減少しないとか、チーズ消費量の増加が肥満の原因と論じるのは難しいだろう。どちらかが人間の進化に長期的な作用を及ぼすというのも疑わしい。骨粗鬆症は主に高齢者に生じるもので、発症するのはすでに遺伝子を受け渡した後のことだ。進化が繁殖終了後に起きる事態に左右されることはほとんどないが、特に現代社会では健康で活動的な祖父母がいれば進化的に有利になるかもしれない。子どもの面倒を見てくれるしっかりした親がいれば、そうでない場合と比べ多くの子どもを儲ける気になるかもしれない。そしてこのような祖父母が老後も健康で活発なのはラクターゼ活性持続症の結果として骨が丈夫になったのであれば、その子どもや孫の何人かは遺伝的にラクターゼ活性持続症になるだろう。そして子どもも孫も多くなれば、ラクターゼ活性持続症の発生頻度はさらに増加することになる。

現代世界は健康で活発な祖父母を求める環境を提供しているようにも思える。主に祖父母が孫の面倒を見る役割を担う祖父母による子育てと、パートタイム保育士の役割を担う祖父母が増加しているのである。[16] 祖父母が孫の面倒をすべて引き受けている場合は、広範に及ぶ様々な社会的要因が関係しているが、親の嗜癖（第八章）や経済的に不安定であることなどいくつかの要因は明らかにわたしたちが生み出した最近の環境と関係している。子どもの世話をする祖父母というシナリオの展開は、最近の経済的、社会的環境の直接的変化によるところが大きい。ここ数十年で見られる住宅価格の上昇など生活費増の圧力により、二人親世帯では両親ともに働きに出なければならないことが多くなっている。二十世紀前半以前、母親たちはそもそも仕事に就いていなかったか、子育てのために仕事をあきらめていたが、社会的変化がそうした伝統的な家庭からわたしたちを引き離した。こうした環境の変化によってわたしたちは日常的にありとあらゆる経済的、社会的圧力を受けることになるのだが、同時にこうした変化は高齢になっても体力が必要な子育てが可能な丈夫な骨をもつ祖父母を残す選択圧にもなっているのである。

酪農の増加に加え、農業革命により食事に新たな要素が加わりその消費が増加した。これがまた現代世界での不耐症につながることになる。それは野草の穀粒（雑草の種）を粉砕して粉にする能力と、穀粒を播いては収穫してまた播くという、実質的に穀物栽培に必要なすべての技術が実現したことだ。おそらく一万年ほど前に中東の肥沃な三日月地帯（現在のイラク、イスラエル、パレスチナ、シリア、レバノン、エジプトそしてトルコとイランに広がる地域）で穀物栽培が始まると、コムギ栽培は急速に広がり始めた。その拡大とともに今日も見られるような農業技術も発達した。初期の農民は偶然にそして意図的に優れた品種を選抜するようになり、収穫量が多くなる形質をもつ栽培穀物が生まれた。後作として異なる作物を栽培して土壌中の栄養素の枯渇を抑え、休耕を挟むことで地力を回復させる輪作の技術は旧約聖書の『レビ記』にも記されている。

穀物、特に全粒（高度に加工、精製された精白粉などとは対照的に）はタンパク質と食物繊維、ビタミンB群、抗酸化化合物さらに亜鉛やマグネシウムなどミネラルの手頃な供給源なのだが、すでに見てきたように、初期の農業参入者はこれらの栄養素のいくつかが不足していたと思われる症状に見舞われた。全粒ならそれだけで多くの重要な食品成分を摂取でき、さらに全粒穀物たっぷりの食事は2型糖尿病の減少[17]や様々ながんの予防など多くの重要な恩恵がある。[18] ところが現代世界では徐々に穀物にまつわる大きな問題が浮上してきた。それがグルテンというタンパク質だ。グルテンの語源は「のり」を意味するラテン語で、コムギやオオムギ、ライムギ、オートムギなどの種子に含まれ、特に胚に養分を供給する胚乳に多く含まれる。そのグルテン群（このグループには類似する多くのタンパク質が存在）には独特な特性があり、パン生地（ドウ）に粘りを与えてまとまりやすくし、弾力性によりドウを膨らませられる。

わたしたちの大多数はまったく問題なくグルテンを摂取できるが、人によっては「グルテン関連障害」という総称のもとにまとめられる広範な徴候と症状が現れる。この障害にはセリアック病、非セリアック・グルテン過敏症、グルテン失調症、疱疹状皮膚炎そしてコムギアレルギーが含まれる。漠然としていて医学的には推奨されないが、[19] グルテンを摂取することで生じる一連の症状を指す言葉として一般には「グルテン不耐症」や「グルテン過敏症」といった用語が今も使われている。症状は下痢や腹痛、腹部膨満、吐き気などで、すでに乳糖不耐症で見てきた症状の多くが含まれている。ラクターゼ活性持続症はほとんどの場合単一の遺伝子と関係し、直接進化のシナリオと関連していた。グルテン関連障害の進化はラクターゼ活性持続症と類似している点もあれば、もっと複雑な点もあるのだが、この症状が増加したことも、やはりわたしたちが作り上げてきた環境の変化と関係しているのである。

グルテン不耐症と免疫系

セリアック病は自己免疫疾患のひとつで、グルテンを摂取すると免疫系が過剰反応する疾患だ。この異常反応は主に小腸に炎症が生じ、一連の独特で不快な症状が起きる。そのうちに小腸の内壁が損傷し、栄養素を吸収できなくなる。幼児期に小腸内壁に炎症を起こし栄養素の吸収ができなくなると、セリアック病の重篤な症状である発育、発達の障害が起きる。大人が吸収不良になると鉄欠乏性貧血や骨あるいは関節の痛み、疲労、発作や（進化的視点から特に気になる）不妊症といった症状が現れる。世界で約一パーセントの人がかかる重篤で永続的な疾病だ。しかも症状が広範に及び、いろいろな疾病と似たような徴候がみられるため、見逃されやすい。さらにセリアック病は世界中で増加中で、しかもその増加の原因が検出と診断の能力の改善によるものだけではないとする強力な裏付けがある（もちろん検出、診断能力は間違いなく改善してはいる。[20]

セリアック病は遺伝病であり、患者の九五パーセント以上はわたしたちの免疫反応に関わる特殊なタンパク質二種類のうちのひとつを持っている。ＨＬＡ—ＤＱ［ヒト白血球型抗原（ＨＬＡ）という遺伝子の型のひとつ］抗原タンパク質はいくつかの細胞表面の外部に存在し、細胞と免疫系間でやりとりする複雑な情報伝達システムの一部を形成している。ＨＬＡ—ＤＱタンパク質は、病原菌などの侵入者由来のタンパク質（抗原）に結合し、その存在を免疫系のＴ細胞に知らせる。細胞で問題が発生していることを知らせ、免疫系に注意を喚起するのである。こうした情報伝達のメカニズムは、免疫系が自己と非自己を識別する学習にもなっている。ＨＬＡ—ＤＱタンパク質は、自己と認識した細胞の活動は妨げず、外部からの侵入者を攻撃する免疫系を支援する大きな役割を果たしている。しかし時にはこのシステムが暴走することもある。

ＨＬＡ—ＤＱタンパク質には異なる七つの型が存在し、それぞれＤＱ２とＤＱ４からＤＱ９までの数字が振られている。これらのタンパク質はＨＬＡ—ＤＱ遺伝子の異なる多型（対立遺伝子）によって符号化され、セリアック病患者の九五パーセントがＤＱ２かＤＱ８のどちらかをもっている。ＤＱ２もＤＱ８ももっていない人はこの疾病にかかる可能性は非常に低い。[21] 腸内でグルテンはペプチドという鎖状につながったアミノ酸に分解され、このペプチドは腸内のＤＱ２型とＤＱ８型のタンパク質に対して、ＨＬＡ―ＤＱの他の多型より強く結合する。この強い結合により、ＤＱ２型とＤＱ８型のタンパク質を持つ人は、Ｔ細胞を活性化する可能性が非常に高くなり、グルテンが存在すると自己免疫システムの活性化を引き起こすことになる。ただここで注意しておきたいのは、セリアック病を患う人の大部分がＤＱ２型かＤＱ８型の遺伝子をもつのだが、これらの遺伝子をもつからといって必ずしもセリアック病を発症するわけではないことだ。このことは、セリアック病の発症と症状の持続が、グルテンへの曝露と関係する環境要因によって誘導されることを示している。

セリアック病の現在唯一の治療方針は、グルテンフリー食（無グルテン食）だ。この食事療法により症状が緩和され、やがて小腸の治癒が促進されるが、グルテンフリー食を始めても小腸の損傷が残る場合があることも明らかにされている。セリアック病の有病率が人口の一パーセント前後にとどまっていること、そしてすべてのセリアック病患者が同程度の症状というわけではないことを考えると、グ、ル、テ、ン、フ、リ、ー（ＧＦ）という言葉が最近これほど注目を集めているのは不思議に思える。スーパーマーケットではグルテンフリー食品だけの棚が設置され、レストランではグルテンフリーメニューが推奨され、一般雑誌にもグルテンフリーを称賛する記事が溢れている。セリアック病は近年診断が容易になったこともあって露出頻度が増加してはいるが、グルテンフリー人気を主に後押ししているのはセリアック病の増加ではない。パンやパスタを最新の悪玉食品としているのは、非セリアック・グルテン過敏症（ＮＣＧＳ）というまた別の難しい疾病が原因だ。

普通グルテン不耐症と言えば、非セリアック・グルテン過敏症を指していると考えてほぼ間違いない。グルテン関連の疾患として最も一般的な非セリアック・グルテン過敏症の有病率は一三パーセントにも上ると推定され、症状はセリアック病とそっくりだ。[22]セリアック病と非セリアック・グルテン過敏症の大きな違いは、後者には診断マーカーが存在しないことで、要するに遺伝子を同定する検査ができない。非セリアック・グルテン過敏症の診断は、まず患者がセリアック病かどうかを確認し、コムギアレルギーの珍しい症状があるかを診て、グルテンの摂取を止めると症状が消えるか患者に聞く。その結果が順に×、×、○であれば当たり、その患者は非セリアック・グルテン過敏症だ。この疾病が初めて検討されたのは一九七〇年代のことだが、実際に大きくクローズアップされるようになったのはこの一〇年のことだ。

実のところ、非セリアック・グルテン過敏症についてはまだよくわかっているとはいえず、医師の間で広く認知されるにはしばらく時間がかかる。疾病を確実に同定する臨床試験につながる診断マーカーが存在しないことが（セリアック病の場合は存在した）、非セリアック・グルテン過敏症と診断することを躊躇する大きな要因となっていることは間違いない。この疾病や関連する疾病の理解が深まるにつれこうした状況も変化しつつあるが、現実には「一時の流行」として退ける医師もいれば、いまだに臨床的存在といえるか疑問視する医師もいる。非セリアック・グルテン過敏症の症状は、やはりやっかいで解明が進んでいない過敏性腸症候群（ＩＢＳ）の症状とも類似している。患者はセリアック病でもなく過敏性腸症候群でもないとされる症状を抱えて、いわば「宙ぶらりん」の状態に置かれる。そもそも非セリアック・グルテン過敏症の原因が何なのかも議論になっていて、この疾病には異なる因子による様々な形態が存在する可能性もある。患者によっては穀物に含まれるグルテン以外のタンパク質が要因となっているかもしれないし、フォドマップ（ＦＯＤＭＡＰＳ）と総称される炭水化物（発酵しやすい四つの糖類：オリゴ糖、二糖類、単糖類、ポリオール）の関与も考えられる。

ここで興味深いことを指摘すると、インターネットの出現により自己診断できる環境が生まれ、特に非セリアック・グルテン過敏症（ＮＣＧＳ）の診断での利用が目立っている。

個人的経験に基づくNCGSの自己診断とその後のグルテンフリー食での治療は、この話題を取り上げた膨大な一般向けのウェブ記事のおかげでかなりお手軽になった。ある調査によれば、NCGSに関するグーグル検索ヒット件数はPubMed《パブメド》検索（主要な医学文献データベース）に比べて四五九八倍にのぼり、さらにグルテンフリー製品が大量に流通するようになったことも自己診断を促進したはずだ。[23]

ラクターゼ活性持続症の場合は世界での発症パターンから、ラクターゼ活性持続症の進化と、その有無によって生じるいくつかの問題に関する知見が得られた。グルテン関連障害となるとその分布はさらに世界中に広がり、全体的な有病率は〇・九パーセントで、世界規模の研究も非常に多く、中でもセリアック病は一生涯続く病気として世界で最も多くの人に影響を及ぼしていることが示唆されている。セリアック病は幅広く分布するわけだが、その有病率とHLA―DQ2型を有する頻度、そしてコムギ消費量の分布パターンが地理的にずれている。この食い違いから進化に関する知見が得られるが、同時に進化のパラドクスも見えてくる。

このパラドクスはふたつの相関関係から生じる。第一にコムギの消費量とHLA―DQ2型の遺伝子頻度の間には相関が見られ、コムギの消費量が大きい地域ではセリアック病を起こす遺伝子型の出現頻度も高い。第二に、セリアック病の原因となるタンパク質型の遺伝子頻度とコムギ摂取継続時間の間にも相関があり、セリアック病の歴史は肥沃な三日月地帯における農業革命に続くコムギ栽培の広がりとの関連が示されている。農耕以前の旧石器時代の食事にはタンパク質が豊富なグルテンを含む穀類はなかったので、セリアック病のような疾病が顕在化する機会はほとんどなかっただろう。しかし農耕が始まると、セリアック病の人々にとって明らかに不利な条件が増加した。特に農業革命初期に人々は新しい食事にうまく対応できたわけではなく、穀物食による鼓腸や腹痛で不自由を余儀なくされるなどの選択圧を考えれば、セリアック病にかかった人は進化的な意味で適者とはならなかっただろう。

新石器時代のスーパーマーケットにはグルテンフリー製品の棚が並ぶ通路は存在しなかった。それ以降食糧の穀物依存は強くなり続けたのだから、現代人の集団にセリアック病がみつかることそのものがパラドクスなのである。セリアック病は農業史の初期に淘汰されていたはずで、いまだに存在するとしても、集団の農耕の歴史が長く続くほど（従ってセリアック病を排除する選択が働くと推定できる）、セリアック病の有病率は低下するはずだ。ところが実際には有病率の低下はみられない。パラドクスである。イギリスでは穀類栽培は約四〇〇〇年前に始まり、トルコでは六〇〇〇年以上前に始まっているが、セリアック病の有病率に変わりはない。さらにトルコやイラン（多量のコムギ消費が長期的に続いている）におけるＨＬＡ―ＤＱ２の遺伝子頻度は、農耕の導入が遅く穀類の消費量も比較的少ないフィンランドやアイルランドより高いのである。[24] 健康上の悪影響がはっきりしているにもかかわらず、セリアック病が淘汰されてこなかったことは、「セリアック病の遺伝的パラドクス」として知られる。[25] セリアック病が存在し続ける謎についての説明と、セリアック病の増加、しかもコムギ消費量が多い地域でも増加していることも説明しなければならないので、ある意味でふたつのパラドクスがひとつのパラドクスに融合したようなものだ。

パラドクスを解く

セリアック病が持続的に存在することと、悪影響を及ぼすと思われるの遺伝子頻度が増加することを説明できそうなメカニズムのひとつが「拮抗的多面発現仮説」だ。ひとつの遺伝子が複数の形質を制御していて、少なくともそのうちひとつの形質は有益だが、少なくともひとつが有害である場合に生じる。セリアック病の場合、ＨＬＡ－ＤＱ２とＨＬＡ－ＤＱ８遺伝子は、免疫系に関連する遺伝子族の仲間で、免疫関連の遺伝子が詰め込まれている染色体領域に位置する。染色体はうねったＸ字形の構造体で、ゲノムを構成するＤＮＡ分子から作られる。わたしたちの染色体は全部で四六本あり、二三の対になっているが（対になっている染色体のそれぞれは父親と母親に由来する）、通常は染色体の対はほどけていて見えない。新しい細胞を形成するために細胞が分裂する特定の段階にだけ現れて、ぎゅうぎゅう詰めのあのＸ字形構造を見せる。この染色体上でＨＬＡ遺伝子は、免疫システム機能にとって重要なＫＩＲ（キア／Killer cell Immunoglobulin-like Receptors ＝キラー細胞免疫グロブリン様受容体）という別の遺伝子族と物理的に密接に結合することで、これらふたつの遺伝子族が統合したシステムとしてともに進化したと考えられている。[26] これらの遺伝子を連携させた優れた免疫系には強力な正の選択がかかり、同時にグルテンが存在しない状況ではＨＬＡ－ＤＱ２とＨＬＡ－ＤＱ８型のバリアントが免疫系で実に見事な仕事をする。だからこれらのバリアントが問題になったのは、穀物中心の農業を発明しグルテンで腹を一杯にするようになってからのことになる。その時までには、このバリアントがかつての免疫系に与えていた利益はＫＩＲ遺伝子との一心同体的な関係の中に組み込まれていたのである。従って、ＨＬＡ―ＤＱ遺伝子群は全体としてみれば病原体に対する免疫を支えるという意味で有益なのだが、いくつかのバリアント（ＨＬＡ―ＤＱ２とＨＬＡ―ＤＱ８）にはグルテンを主体とした食環境へと移行した時にのみ発現する代償があったのである。

ＨＬＡ―ＤＱ２バリアント（セリアック病の患者の九五パーセントに見られることを学んだ）が存在する理由を考える上でもうひとつ手掛かりとなるのが、この遺伝子によりある程度虫歯を予防できることが示されたことだ。覚えているだろうか、虫歯は農業発生初期の大きな健康問題だった（第二章）。虫歯は、歯の劣化、食生活、歯の周囲に培養される細菌の三つの要素の相互作用によって生じる。農業以降の食事に炭水化物が増加したこと、さらに小さくなった顎に歯がぎゅうぎゅうに押し詰められるようになって、虫歯にかかることが多くなり、最終的に食物をうまく咀嚼できなくなる。この「ＤＱ２虫歯予防仮説」では、ＨＬＡ－ＤＱ２バリアントを持つ人は虫歯にかかりにくいため、このバリアントを持たない人と比べ生存率が高くなり、子孫を残す割合も高くなったと考えられる。こうした関連性についてはさらに多くのことを知る必要があり、まだそのメカニズムもわかっていないが（粘つくグルテンペプチドで口腔がきれいになることと関連しているのかもしれない)、この仮説が正しいことが判明すれば、セリアック病の原因となるバリアントは最初は正の選択圧により生き残ったことになる。この疾病の原因とまったく同じグルテンの豊富な食事が虫歯を引き起こし有害だったからだ[27]。

拮抗的多面発現仮説と虫歯予防の正の選択圧によってセリアック病が消滅しないことは説明できるが、このパラドクスのふたつ目の要素、つまりセリアック病が、診断の増加を考慮したとしても、近年増加しているという事実が説明できない。スウェーデンの研究から得られた証拠によるなら、この現象の説明にはおなじみの論理が登場することになりそうだ。つまりごく最近の変化により、わたしたちが進化してきた時代の環境と現代の環境のずれが生じたのである。

スウェーデンでは一九八四年から一九九六年にかけて二歳未満の子どもの間でセリアック病の症例が増加し、「スウェーデン流行病《エピデミック》」と呼ばれた。有病率は三倍に増加し、最終的に当時はどの国よりも高い割合になった。その後有病率は急激に低下し、同じ年齢層でのセリアック病の有病率は一九八〇年代初めの水準に戻った。この流行の分析から、有病率の上昇にはふたつの要素が関係することがわかった。ひとつは、初期離乳食に含まれていたグルテン量が当時増加していたこと。もうひとつが、母乳だけでの育児と離乳食としてグルテンを食事に導入するタイミングのパターンが変化したことだ。この研究で、グルテンが導入された時にまだ母乳も一緒に与えられていた子どもは、セリアック病を発症するリスクが低いことが明らかにされた。[28] ところがさらに大きな集団で無作為化比較試験を行った最近の研究により、グルテン導入に関連してセリアック病の発症リスクは増大しないこと、また母乳保育に予防効果はないことが明らかにされた。セリアック病に関する理解は一進一退のようで、一見非常に単純に思える流行病が、実は非常に複雑な疾患であることは実に教訓的である。疾病そのものの理解という点では進んでいても、その疾病の原因となる環境条件を分析し始めると、問題の難しさが身にしみてくる。

セリアック病に関連するもうひとつの要素が分娩の手段で、特に帝王切開か経膣分娩かに関係する。ここでも状況は複雑で、いくつかの研究では分娩法とセリアック病の関連性が明らかにされているが、別の研究ではそうした関連性は見られなかった。分娩の形式が疾病の発症に影響するとは不思議に思えるが、ここで関係してくるのは身体に内在するバクテリアだ。

最近は善玉菌として知られるバクテリアが腸内にコロニーを形成するのは、わたしたちが成長、発達する過程で起きる。遺伝的要因とわたしたちの環境、とりわけ食生活は体内バクテリアの生態系に大きな影響を与えるが、出産様式（帝王切開か普通分娩か）と初期の授乳（母乳か粉ミルクか）も腸内にコロニーを形成するバクテリアの種類を左右する。これまで体内のバクテリア生態系が免疫系に大きな影響を与えることを学んできた。免疫系とセリアック病との間に明確なつながりがあるのだから、腸内のマイクロバイオーム（体内バクテリアの総称で微生物叢ともいう）とセリアック病とのつながりを見つけるべきであるのは明らかだ。またしても状況は複雑だが読者ももう驚かないだろう。見え始めた描像は、セリアック病が有益な細菌の減少と、危害を及ぼす可能性のある細菌の増加と関連しているということだ。[29] 最近の環境変化がもたらした体内バクテリアの生態系の変化については次章で改めて考察する。

新石器時代の人類にとって農業の進化は甚大な環境変化だったはずで、初期にはわたしたちの進化史と食環境の間に大きな不適合をもたらしていた。一方、根本的に異なる食事への適応が進化的変化につながり、農業がもたらしたふたつの主要な食物の変化、すなわち乳製品と穀物を摂取していることを考えれば、進化的変化の影響は今日においてもはっきりわかる。大人になっても継続して乳糖を消化できる一部の人の能力が、技術的、歴史的そして社会的要因と相まって、世界中に乳製品の豊富な環境を生み出し、それが多くの人間の進化してきた歴史と衝突し、利益と同時に潜在的な問題（乳糖がきっかけとなる病気と肥満）をもたらした。農業はグルテンが豊富な食環境を可能にもしたわけだが、皮肉なことにもともとは環境によって選択された遺伝子だったものが、現代環境の状態と結びついて多くの人に深刻な問題を起こしている。どちらの場合も、最近のグローバリゼーションの展開と人間の文化が欧米スタイルの食習慣へと均質化《ホモジェナイズ》してゆく傾向は、特定の食物への大きな欲求と供給に結びつき、一部の人々にとってまさに文字通り危険な環境を生み出している。こうした食物不耐性の問題は、環境の変化とわたしたちの進化的過去とが不適合を起こすことと同時に、この地球上には今現在も、実に多様で異なる人間集団が存在することを教えてくれる。

第四章　内環境の変化

わたしたちは環境の変化から確かに大きな影響を受けている。遥か遠い過去に起きた変化、たとえば農業の誕生にともなう変化の場合はそれを補償するように進化的変化が起きたが、直近の環境変化になると、潜在的な進化的反応による対応では間に合わない。生態系のある領域では最近の環境変化による悪影響がかつてないほど顕著になり、その重大性に対する認識もいまだかつてないほど大きくなっている。そこで問題となっているのは少なくとも身体外部の環境から直接降りかかってくる影響ではない。そうではなく、問題になっている環境はわたしたち自身なのである。

　近年、人間が引き起こした外部環境の変化、特に食生活の変化は、わたしたちの生存と健康に不可欠なバクテリアの生息場所である腸内の環境に影響を与えている。人類は数千年いや数百万年にわたって腸内の微小な乗客とともに共進化してきたわけだが、現代的なライフスタイルがこの共進化を打ち消そうとしているのである。この現象をひもとくには、前章で触れた免疫系について改めて考えてみる。現代的なライフスタイルがこの共進化をどのように混乱させたのかについて考える前に、まずバクテリアが腸内でどんな活動をしているのか見てみよう。

バクテリアという驚異的な存在と、身体という生息地

バクテリアは驚異的な存在だ。その細胞はわたしたちの細胞よりかなり小さく、核膜や核、ミトコンドリアといったわたしたちの細胞にある賑やかな構造体（細胞小器官）は存在しないが、自らの仕事をきっちりと極めて効率的にこなしている。まずバクテリアは生化学的に驚くべき存在で、いくつかの巧みな代謝経路のおかげで、原油やゴム、プラスティックさえ喜んで食べるバクテリアが存在する。その適応能力は食事だけにとどまらない。単純な構造と驚異的代謝能力が相まって実質的にあらゆる生息地を利用できる。一〇〇〇メートル以上地下深くにある岩石であれ、海溝の底であれ、温泉や氷河の氷の中であれ、他の生物には生息できないような場所でもバクテリアを発見できるだろう。すべ

てのバクテリアが極端な条件の生息地に存在しているわけではなく、たとえばわたしたちも含めて生物はバクテリアがコロニーを形成する上で非常に居心地のよい場所を提供している。体温が高く比較的大型の恒温動物である人間の身体はバクテリアで溢れかえっている。

自分自身をバクテリアの生息地として見るようになると、とたんに身体の生態学が気になってくる。生態学とは生物同士そして生物と環境の間の相互作用を研究する学問だ。こうした生態学的相互作用とそれによって展開する生態系の多様性の理解には、その規模にかかわらず環境の基本的特性を理解しておくことが不可欠だ。生態系の多様性は「生息地の複雑性」という概念で捉えられる生息地の条件に依存して発達する。これはまったく直感的な考え方で、環境が複雑になるほど単純な環境より生物が生息する多くの場と生存手段（多くのニッチ）を提供できるということだ。この「ニッチ」は生物の住所と職業とも言われ、生態学を理解するための重要な概念で、熱帯林も人間の腸内もこの概念で捉えることができる。熱帯林と同じように人間の腸内環境も一様ではない。腸内には数多くの多様な小生息地「サブハビタット」が存在し、それぞれ物理的、化学的、生物的性質が異なり、生物がそれぞれの特性を活かして生息できる実に多様な潜在的ニッチを提供している。

つまり、わたしたちの身体はマイクロバイオーム（141ページ参照）に、構造的にも化学的にも多様な生息地を提供しているのである。

わたしたちの身体表面である皮膚は、滑らかで一様にみえるが、実はまったく均質ではなく、へこみや割れ目、平坦な部分など変化に富んでいて、そうした起伏の内部や表面にバクテリアが生息している。体内に目を移してみると、口腔もバクテリアに多様な生息地を提供している（歯、歯の隙間、歯と歯茎の間、歯茎そのもの、舌の表裏、口蓋、口の奥、唇の内側など）。さらに身体の内側に入っていくと、体内生息地は場所によってさらに衝撃的な違いがあることがわかる。

たとえば胃の中は極めて酸性が強い。胃の筋肉は周期的に収縮し（蠕動《ぜんどう》運動）、咀嚼された食物に塩酸とタンパク質分解酵素を加えてこね回し、胃の状態は空っぽになったり一杯になったり潮の満ち引きでできるタイドプールのように周期的に変化している。胃を過ぎてさらに進むと小腸の最初の区分、十二指腸に入る。小腸は三つの部分からなり十二指腸は約三〇センチと最も短い構成要素で、残りの空腸と回腸をあわせると長さは約七メートルになる。小腸はいわゆる化学的消化（食物を分子のレベルまで分解する）と吸収を担当していて、腸壁を覆う莫大な数の腸絨毛という小さな指のような突起物から分解物が吸収される。小腸は実際にはバクテリアの巣窟というほどではなく、小腸に生息するバクテリア数は一ミリリットル当たり一万個以下だ。一ミリリットル当たり一万個なら多いじゃないかと思うかもしれないが、土壌一グラム中（体積はおよそ一ミリリットル）には四〇〇〇万個に及ぶバクテリアが生息する。バクテリアが小腸で増殖を始めると、小腸内細菌異常増殖症という疾病が生じ、吐き気、便秘、下痢、鼓腸、腹痛、過度の鼓腸、そして脂肪を適切に吸収できないことによって生じる脂肪便というねばりけのある不快な下痢などの症状が出る。

次に結腸（大腸ということもある）へ移動すると、小腸より乾燥した栄養密度の低い環境が現れる。食物の水分が回収されて便ができ、結腸壁の筋肉の作用で直腸へ押し出され、最終的には肛門から体外に排泄される。そしてマイクロバイオームの大部分が存在するのがこの結腸だ。

バクテリアは圧倒的な数から、そこそこの数へ

腸はその長さと変化に富んだ環境によって、あらゆるバクテリアに膨大な空間と機会を

提供していて、実際に多くのバクテリアが生息している。人間は相当な生息機会を提供しているので、身体の表面や内部に存在するバクテリアの細胞は、わたしたち自身の細胞の数と比較すると一〇対一、つまり一〇倍も多いとよく言われる。この数字には驚かされるし覚えやすい。書籍（わたしの書籍も含め）や論文、記事、ＴＥＤトークやテレビ番組で繰り返し聞かされてもいる。ところが、それが間違いなのである。この数字は大雑把に計算した結果で、一九七〇年のある論文にまで遡る。その論文で、腸内容物一グラム中の微生物数の概算値は一〇〇〇億個とされたが、そのことを裏付ける証拠はない。さらに腸の内容物を一〇〇〇グラムとした概算値と合わせて、単純に一〇〇〇倍し、腸内には一〇〇兆個のバクテリアがいると算出したのである。すでに環境が不均質であることを学んだわたしたちとしては、この単純な比例計算では疑わしく思える。腸内の環境が一様でないとすれば、バクテリアの分布も腸全体では一様ではないと考えるのが普通ではないだろうか。もちろんその通りだ。それなのに七年後には別の論文で、この一〇〇兆個というバクテリア数を、これまた裏付けのない教科書から引用した人間の細胞数一〇兆個と比較した。兆単位の数字を扱うのは大変だが一〇〇兆を一〇兆で割るのは簡単で、あら不思議、魔法のような比率一〇対一が現れる。

この計算の元となった数字については最近まで検証されていなかった。考えてみれば、実際に人体の細胞の数を妥当な方法で決定することは、一定の重要な注意なくしては基本的に不可能だ。身体のサイズは人によって大きな違いがあり細胞数にも大きな個体差があることを考慮しなければならない。身長と体重は細胞数を知るわかりやすい目安になるが、男女でも異なるし、年齢によっても大きなばらつきがあり、さらに年齢そのものがある程度まで身長と体重に影響する。二〇一六年、ロン・シェンダーとシェイ・フックスそしてロン・ミロは人体の細胞数とバクテリア数の概算値を改定した。成人男性で体重七〇キロという「標準人」の概念を利用し、かつて想定された値の三倍にあたる三〇兆個という細胞数を示した。それとは対照的にバクテリアの個体数の概算値は一〇〇兆個から三八兆個に下げられた。結局ふたつの概算値を比較するとその比は一・三対一となった。[1] さらに三人は身体中の全バクテリア重量を概算するとわずか〇・二キロであったことから、バクテリアの細胞はわたしたち自身の細胞と比較すれば、実質的にわずかな量に過ぎないことを明らかにした。

バクテリアに関する根拠のない偽情報と都合のいい数字をことさらに追求したところで無意味だろう。サイエンスライターのエド・ヤングは政治経済誌ザ・アトランティックの記事でこの二〇一六年の論文についてこう指摘している。「こうした新たな概算値は現在知りうる最善の値だろうが、研究や数値には……そもそもバイアスと不確実さが伴うものだ。わたしなら議論に比率は持ち出さない。マイクロバイオームの重要性を伝えるために比の値は必要ないからだ」[2]。わたしもその通りだと思う。マイクロバイオームが生命の維持に果たしている役割を考えている時に、都合のいいはっとするような数字を使い、バクテリアが存在しなければ人間は生きていけないことを力説する必要はない。

バクテリアは何の役に立ったのか

わたしたちは腸内バクテリアに絶好の生息地を提供しているわけだが、人間とバクテリアとの関係は一方通行ではない。第一にバクテリアはわたしたちの消化に大いに役立っている。口と胃そして小腸は、消化の三大武器である咀嚼（物理的分解）、化学的分解、酵素の作用を利用して、食物を吸収可能で身体が利用できる要素に分解する。その効率はまあまあで完璧というほどではない。

人間はタンパク質の分解については非常に有効な酵素を持っているが、果物や野菜によく含まれる複雑な枝分かれ構造を持つ糖類などある種の炭水化物の分解能力は低い。わたしたちの身体はこれらの分子の分解に必要な分子レベルの手段を持ち合わせていないが、いくつかのバクテリアがそれらを消化し、ブドウ糖（身体全体で幅広く利用される）や酢酸、プロピオン酸（肝臓や筋肉で利用される）、酪酸（結腸の上皮細胞で局所的に利用される）などの分子に分解している。腸内の物質の流れをよくするために腸壁からは多量に粘液が分泌され、その粘液にはたいていこの複雑な枝分かれ構造の炭水化物が含まれているが、これらの炭水化物もバクテリアが消化してくれる（そして再利用している）。

　腸内バクテリアは他にもわたしたちを助けてくれている。ビタミンはごくわずかな量で身体を機能させる働きをする、人間には欠かせない重要な物質だが、人間の体内でビタミンは生産できない。ビタミンを自ら作ることができないということは、食物から摂取しなければならないので、栄養不十分な食生活ではビタミンが不足し、壊血病（ビタミンC不足）やくる病（ビタミンD不足）を発症する。しかし腸内バクテリアの中には特殊な種が生息していて、葉酸（ビタミンB_9で、DNAの合成及び修復、細胞分裂そして成長に不可欠）やビオチン（ビタミンB_7、身体に欠かせない多くの分子を合成するために必要）、ビタミンB_{12}（DNAの合成、脂肪酸やタンパク質の代謝、神経系の機能に関係する）、そしてビタミンK2（血液凝固に必要なタンパク質を合成するのに必要）などのビタミンを合成し供給してくれる。また食物からミネラルを吸収するのもバクテリアのおかげで容易になっている。人間の生理学的機能と解剖学的構造にはミネラルが不可欠で、たとえばカルシウムは骨格に含まれ、筋肉と神経機能にも欠かせない。またエネルギー代謝にはマグネシウムが必須で、血液で酸素を輸送するヘモグロビンには鉄が必要だ。そしてバクテリアが腸内で食物を分解して作られる脂肪酸には、食物に含まれるミネラルの吸収を助ける働きがある。

また腸内バクテリアは、病原となる有害なバクテリアの繁殖を抑制してくれるものもある。悪玉の病原性バクテリアは腸壁の細胞に侵入して危害を及ぼし、さらに身体の他の細胞にまで侵入することもある。そこで善玉菌とも呼ばれる人に有益なバクテリアは腸壁に張り付くことで生息地として利用可能な腸壁の大部分を覆い尽くし、悪玉菌を排除する。この被覆が障壁となって、危害を及ぼす可能性のある悪玉菌が善玉菌の芝生に陣地を築こうとするのを防御しているのである。在来菌は腸内環境でよく繁殖できる能力によって選択され、腸内での栄養素の獲得合戦でも圧倒的な能力を発揮する。さらに常在菌は複合型炭水化物を発酵させ単純な分子に転換することで、酪酸や脂肪酸などの化合物を生産し、これらの物質によって腸内環境を微妙に変化させ常在菌に好都合で、侵入してくる病原性細菌には不都合な環境を形成しているのである。常在菌はこのような受動的な作用ばかりでなく能動的な作用もあり、たとえばバクテリオシンという毒素を生産して他のバクテリアの増殖を攻撃的に阻害する。

再び免疫の授業へ

腸内バクテリアが存在しなければ、摂取した炭水化物の大部分を分解することも消化することもできない。さらにバクテリアはいくつかのビタミンを点滴のように供給し、ミネラルの吸収を助け有害な病原性のバクテリアの増殖を防いでくれている。それと引き換えにわたしたちはバクテリアに対して比較的安全な生息地と理想的な繁殖条件を提供している。さらにこの共生関係を維持するためには、腸内バクテリアがわたしたちが持つ免疫系の攻撃に曝されないようにする必要もある。わたしたちはこうした腸内バクテリアと調和的な関係を形成することで、有害なバクテリアの攻撃を防いでいる。

わたしたちの免疫系というシステムは、細胞と組織そして器官のネットワークで、それらが協働して体内への侵入者を攻撃し破壊する。白血球も免疫システムの重要な要素のひとつだ。白血球は骨髄と脾臓で作られ、これらの臓器とリンパ節に貯蔵され、血管とリンパ系を介して体内を巡回して問題を起こしそうな侵入者を常に監視している。

白血球は「食細胞」と「リンパ球」のふたつの大きなグループに分類される。食細胞は侵入細胞を捕食する。この食細胞の重要な下位グループのひとつが「好中球」で、白血球の中で最も数が多く、バクテリアを標的とする細胞だ。わたしたちがバクテリアに感染すると、危険性が高まるにつれ好中球の数が増加する。もうひとつのリンパ球にはBリンパ球（B細胞）とTリンパ球（T細胞）がある。どちらの細胞も骨髄で常に生成されている。B細胞は骨髄にとどまるが、T細胞の方は飛び出して胸腺あるいは扁桃腺で成熟する。胸腺は心臓の前方で胸骨の後ろ側に存在する小さな器官だ。次にこれらの細胞の役割について説明しよう。

バクテリアが侵入すると、その細胞膜外部にある分子が、わたしたちの体内にある細胞の分子とは異なることから、侵入者として識別される。こうした識別要素を「抗原」といい、抗原が検出されると「抗体」が生産される。抗体は侵入者の細胞膜に張り付いて抗原の存在を知らせ、知らせを受けた食細胞がその侵入者を破壊する。免疫系のこうした基本モデルはしたたかで、確かにこの方法で多くのバクテリアを殺せるのだが、侵入バクテリアを打ち倒す別のメカニズムも用意されている。たとえば何らかのバクテリアが侵入すると、「補体系」という免疫系に特化されたタンパク質群の標的となる。このタンパク質が抗体を介さずに直接浸入したバクテリアの細胞に結合し、さらに多くのタンパク質が次々と結集し「膜侵襲複合体」を形成する。これは小型精鋭特殊部隊のようなタンパク質チームで、侵入バクテリアの細胞膜を突破し最終的にその細胞を破壊する。

身体に生まれつき備わっている免疫を「自然免疫」という。自然免疫関与しているのが白血球の中の食細胞で、侵入者をかぎつけては破壊する。自然免疫システムはある種の感染について「敵」と「味方」の識別を学習することなく、認知し対処することができる。学習にはかならず時間がかかるので、極めて急速に増殖するバクテリアの場合、当面の問題を迅速かつ効果的に対処する汎用戦略が重要になってくる。しかし、食細胞が識別できない相手に侵入された場合には、このシステムでは機能しない。一方「獲得免疫」は身体が初めて出会う新しい侵入者に対処することができるが、初めて感染した時にはすぐに対処することはできない。獲得免疫系ではリンパ球であるB細胞とT細胞を利用する。B細胞はこれらの侵入者に結合する抗体を作り、T細胞とともに攻撃を加える。このシステムの長所は、新しく現れた敵を記憶することにあって、再び同じバクテリアに攻撃された場合には、学習する時間を割かずに、間髪を容れずに攻撃を開始できる。最初の感染から回復すれば、再度同じ侵入者（はしかウィルスなど）による有害な影響を受ける可能性は低くなる。このように獲得免疫系には記憶能力［免疫記憶］があるからこそ、感染症を防ぐために予防接種が非常に有効な手段となるのである。

　一見すると、腸内バクテリアが人間の体内に居を構えようとする場合、こうした免疫系が邪魔をするような気がする。これまでは、腸内バクテリアは免疫系から本質的に隔離された存在であって、バクテリアが腸壁を突き破って体内に正式に侵入した時に初めて免疫系の網にかかると考えられていた。ところが、マウスの腸と人間の腸を顕微鏡で観察した結果、腸内バクテリアは腸陰窩《ちょういんか》という部分に生息していて、ここで免疫系と非常に密接で良好な関係を形成していることが判明した。そしてこのように敵対的になりうる環境でバクテリアが生息できるのは、分子レベルでの実にエレガントな情報伝達と応答の連鎖によることが明らかにされたのである。バクテリアは、自身の細胞表面に多様な構造で他の細胞がその存在を識別できる糖鎖や、タンパク質や脂質と糖鎖が結合した複合糖鎖を生成する。バクテリアの表面にあるこうした分子が獲得免疫系の細胞のひとつである「制御性T

細胞」（Tレグ細胞ともいう）に認知される。このTレグ細胞は通常は免疫系が自己の細胞に反応して攻撃を仕掛けるのを防いでいる。Tレグ細胞の機能に問題が起きると、免疫システムが敵と味方を区別できなくなり、手当たり次第に攻撃しはじめ、正常な細胞にまで反応し自己免疫疾患につながる。

味方バクテリアであれば、Tレグ細胞表面にある受容体がバクテリアの糖鎖シグナルを検出して活性化し、別のT細胞であるヘルパーT細胞がその味方バクテリアを攻撃するのを抑止する。つまりヘルパーT細胞は狙撃部隊で、Tレグ細胞は監視部隊ということになる。味方バクテリアが玄関口に現れると、監視部隊のTレグ細胞はそのバクテリアが味方であることを識別し、狙撃部隊のヘルパーT細胞に攻撃体制を解除しそのバクテリアを放っておくように伝える。普通ならTレグ細胞表面の受容体がヘルパーT細胞を活性化させ、バクテリアを抹殺するところだ。有害な侵略者にたいしては厳戒態勢を維持しつつ、味方のバクテリアを識別して攻撃から排除できるように、わたしたちはいくつかのバクテリアと共進化してきたのである。獲得免疫系は、こうした味方となるバクテリアの同定を学習しなければならないが、一度学習すればあとはサボってもかまわないので、免疫系にも善玉菌であるバクテリアにもうま味のあるウィン・ウィンの進化だ。さて、健康な平常時であれば、腸内バクテリアは免疫系にとって極めて重要だ。腸内バクテリアは本質的に免疫系の一部なのだ。しかしいいことばかりではない。まったく関係ないように思える一連の疾病（その多くが増加しつつあるようだ）が腸内バクテリアと関係していることが研究によって次々に明らかにされている。第三章のグルテン関連障害で見たように、腸内バクテリアとそれによって生じる症状を結びつけているのはわたしたちの免疫系で、そうした症状が増加する原因となっているのは、最近の環境の変化と「内環境」への連鎖反応なのである。

腸内バクテリアの機能不全

腸内バクテリアが自己免疫疾患と関係していることが明らかになり、生物医学ではこの関連性の研究が一〇年ほど前から大きな焦点となっている。おかげで今では、腸内バクテリアと健康の間には驚くほど多くの関係があることがわかってきたが、このテーマに関する最近のレビュー論文では次のような注意も喚起されている。「自己免疫疾患の治療と、おそらくその予防についても、的確に介入するためには、十分に計画されたより大規模な治験と詳細な反応機構の研究を併せて進める必要がある」[3]。要するに、研究は進捗はしているものの、この特殊な医療分野の探究はまだ出発点に立ったばかりなのである。

腸内バクテリア群の機能不全と関係する疾病で、最も重要なのが炎症性腸疾患（ＩＢＤ）。炎症性腸疾患とは潰瘍性大腸炎とクローン病というふたつの疾患からなる慢性疾患の総称だ。クローン病は消化器系の粘膜に炎症を起こす長期的疾患である。この疾患は口から肛門まであらゆる部位に影響が及ぶが、最もよく炎症を起こすのが回腸（小腸の主要部）と大腸で、興味深いのはその部位は最も多様かつ豊富な腸内バクテリアが存在する部分でもあることだ。クローン病には下痢や腹痛、血液と粘液が混じった粘血便、体重減少そして極度の疲労など広範な症状が見られる。この疾患が寛解すると症状が穏やかになり完全に消えることもあるが、その後再発し多くの問題を生じる。こうした症状は最終的に腸に損傷を起こし治療には手術が必要になる。クローン病と共に生きることは、誰に聞いても不幸なことだが、そんな疾病が先進諸国で徐々に広がりを見せている。潰瘍性大腸炎とクローン病は症状がよく似ていて、そのことが両疾患の診断と治療を難しくしている。クローン病が消化管のあらゆる部位に影響を及ぼし、腸管上皮細胞の全層にダメージを与える一方で、潰瘍性大腸炎の症状は結腸、特に結腸粘膜の最上層部に集中して現れるが、直腸に影響することもある。潰瘍性大腸炎は炎症を起こし、病名からもわかるように結腸の粘膜に潰瘍ができる。クローン病も潰瘍を起こすがその分布は一様でなく飛び飛びにできる傾向があり、潰瘍性大腸炎の場合は潰瘍は概ね連続的に広がる。

症状は似ているし、多くの面で類似性があるのだが、クローン病と潰瘍性大腸炎の間には潜在的だが重要な違いがある。潰瘍性大腸炎は自己免疫疾患で、免疫系が暴走して敵と味方の区別がつかなくなり、結腸内壁の細胞を攻撃するものと一般的に考えられている。クローン病は自己免疫疾患ではなさそうだが（従って免疫系は自己の細胞に対しては活性化しない）、免疫関連疾患と考えられている。ここで「一般的に考えられている」とか「なさそうだ」という慎重な言い回しに気付いたと思うが、炎症性腸疾患に含まれる両疾患ともにまだはっきり解明されているわけではないのだ。現状では「免疫介在性炎症性疾患」と捉えるのが最も妥当だろう。若干漠然としているが幅広く解釈できる用語で、疾患の特徴を正確に表現している。[4]

炎症性腸疾患の原因を確定するには、まだ非常に多くの課題が残されていて、少なくとも現時点で唯一の明快な原因を示すことはできそうにない。この疾患の原因に複雑な因果関係があるとしてもおかしくない。腸は単一の単純なシステムではなく、少なくとも三つの要素の影響を受けているからだ。三つの要素とは「遺伝子構成」と、わたしたちの食生活や生活史、ライフスタイルなどの「環境」、そして「腸内バクテリア」だ。これらの要素は健康な腸にも不健康な腸にも同時に作用している。こうしたことから、この疾患の原因として現在最も有力視されているのが、これら三つの要素を組み合わせた仮説で、炎症性腸疾患は、遺伝的に感受性の高い人の腸内バクテリアに対する免疫異常が何らかの刺激を受けて発症すると推定されている。[5]

炎症性腸疾患に腸内バクテリアが関係している根拠は、無菌動物（実験用動物で一般的にハツカネズミが用いられる。体内外にバクテリアがつかないように高度に制御された環境条件下で育てられる）や人間被験者での研究など広範な研究結果から得られている。なかでも説得力のある裏付けとして、無菌動物が大腸炎を発症することは極めて少なく、まったく見られないとする報告もあること、さらにすべての腸内バクテリアを根絶するように作用する抗生物質を投与した場合にも、同様の結果が得られたとする報告がある。またバクテリア群、つまり腸内に存在する全バクテリア種の構成について調べた結果からも、腸内バクテリアと炎症性腸疾患の関連性について説得力のある証拠が得られている。動物を利用した研究では、炎症性腸疾患の場合、特定の種、特にバクテロイデス属（*Bacteroides*）やポルフィロモナス属（*Porphyromonas*）、アッカーマンシア・ムシニフィラ（*Akkermansia muciniphila*）、クロストリジウム・ラモーサム（*Clostridium ramosum*）、そして腸内細菌科（Enterobacteriaceae）（腸内バクテリアとしておそらく最も有名な大腸菌 *Escherichia coli* がこの科に属する）という科に属する種が優占種となっていて、さらに強い炎症との関連性も見られた。同じように人間の場合は発症していない人と比べ、バクテロイデス属と腸内細菌科の増加が見られ、フィルミクテス門（Firmicutes）（ラクトバシラス属 *Lactobacillus* やクロストリジウム属 *Clostridium* などを含む）のバクテリアが減少しているようである。さらに全体的な傾向として炎症性腸疾患の人はそうでない人と比べ、腸内バクテリア種の多様性が低下する（存在する種が少ない）傾向が見られる。

前述のほかにも炎症性腸疾患と腸内バクテリアの関連性が報告されていて、腸内バクテリアと炎症性腸疾患とのつながりの科学的根拠を補強している。わたしたちが摂取した植物性物質に含まれる複合糖質を分解し短鎖脂肪酸を生産するバクテリアがいるが、いくつかの研究で炎症性腸疾患の場合、このバクテリアが減少することが示されている。短鎖脂肪酸は腸内を覆う腸管上皮細胞を保護し、炎症を防ぐ化合物だ（どちらも炎症性腸疾患の発症を防ぐには好都合）[6]。こうしたバクテリア種にはフィーカリバクテリウム・プラウスニッツイ（*Faecalibacterium prausnitzii*）やオドリバクター・スプランクニカス（*Odoribacter splanchnicus*）、ファスコラルクトバクテリウム（*Phascolarctobacterium*）そしてロゼブリア（*Roseburia*）がある。フィーカリバクテリウム・プラウスニッツイとロゼブリア・ホミニスはどちらも酪酸という短鎖脂肪酸を生産し、これがTレグ細胞の形成を誘導することが知られている。すでに学んだことだが、Tレグ細胞は通常は免疫系が自己の細胞に反応して攻撃を仕掛けるのを防いでいた。これらのバクテリア種が多数存在することは潰瘍性大腸炎の発症が低水準であることと関係し、その逆も言える。また興味深いのは、フィーカリバクテリウム・プラウスニッツイの減少が手術後のクローン病再発と関連し（抗生物質が腸内バクテリア群に大混乱をもたらす）、またこのバクテリアをマウスに投与すると腸の炎症が減少することだ。腸内バクテリアとそれらが形成する集団が炎症性腸疾患と密接に結びついていること、そして最も重要なのがバクテリア―免疫統合システムであるという説が次第に説得力を持つようになっているが、ここで述べた研究やその他の多くの研究から、こうした説を裏付ける科学的根拠が積み重ねられている。

現代の不適合

炎症性腸疾患の増加を最近の環境変化による不適合とするなら、腸内バクテリア群の変化とバクテリア—免疫統合システムの擾乱を環境変化によって説明しなければならない。先の例のように、この説をまとめ上げるのに役立つのが、世界における炎症性腸疾患の分布パターンの調査と最近生じてきた変化だ。この疾患の場合、分布パターンはかなり単純ではっきりしている。炎症性腸疾患は欧米諸国で過去一〇〇年にわたり増加してきたが、このところ北アメリカとヨーロッパでは有病率約〇・三パーセントで頭打ちとなり、上昇が見られたのはおおよそ一九五〇年代以降だ。他の地域での上昇はこれより五〇年前後遅れ、中東や南アメリカ、アジアの国々ではごく最近になってこの疾患の増加が見られるようになった。この疾病が世界的に広がるようになったのは、新興工業国の欧米化と強く関連しているのである[6]。

最近の環境変化、ひとくくりにして「工業化」が、緊密に共進化した腸内バクテリア—免疫統合システムを介して、炎症性腸疾患の増加の原因となっていると考えられている。本質的に腸に関する疾病なのだから、腸内に生息するバクテリアが何らかの役割を果たしているのはうなずける。ところが腸の他にも腸内バクテリアが関係する免疫介在性炎症性疾患がある。関節リウマチは関節を覆う細胞が破壊される自己免疫疾患で、炎症と痛みが生じる。初めて発症した患者の腸内バクテリア群は、バクテロイデス属の種が減少しプレボテラ・コプリ（*Prevotella copri*）が多くなっている。ある種は増加し他の種は減少するといった腸内バクテリア群の変化は、背骨に炎症を起こす「強直性脊椎炎」の患者でも見られる。また最近の研究では腸内バクテリアと「多発性硬化症」の関連も注目されている。多発性硬化症の原因はまだわかっていないが、脳や脊髄の神経細胞を鞘状に覆う髄鞘酵素（ミエリンという脂質）が免疫系によって破壊される自己免疫疾患と考えられている。[7] 多発性硬化症の患者は腸内バクテリア群のバランスが崩れることが観察されていて、その関係は人間と、その身体に乗り合わせているバクテリアが共通に持つ酵素によって媒介されている可能性がある。わたしたちの免疫系のT細胞はGDP―L―フコースシンターゼという酵素に反応する。そしてこの酵素は人間の細胞内と、多発性硬化症の患者に見られるとある腸内バクテリアの細胞内で形成されるのである。[8] 腸内のこの酵素によってT細胞が活性化されることも証拠から示唆されている。T細胞は腸内から脳に移動し、人間の脳内でその標的である抗原（この場合はGDP―L―フコースシンターゼ）を見つけると炎症を起ここし、続いて多発性硬化症の症状が現れる。

体内の微生物集団がわたしたちの健康に影響を及ぼすことについては理解が進んでいて、その作用の詳細やメカニズムだけでなく、影響の範囲や程度についてもわかってきている。たとえば、腸内バクテリアがわたしたちのメンタルヘルスと関係している証拠が増えるにつれ、第六感や直感を意味する英語 gut feeling がまさに的を射た表現であることがわかってきた［日本語にも「腹の虫がおさまらない」などの表現がある］。マウスの実験では腸内バクテリアがマウスの行動に影響を与えることが明らかにされ、うつ病患者を被験者とした小規模試験ではうつ病が腸内バクテリア群の変化と関連する可能性が示され、このことは腸内バクテリア群の構成が免疫系に影響して炎症性疾患と関係していたこととも似ている。さらに大規模試験では、そもそもは正常な腸内バクテリア群を計量するために募集された一〇〇〇人以上のベルギー人のコホート［疾病の発生率などを調査するために観察対象とする集団］を利用することができた。この集団の一部（一〇五四人中一七三人）は、うつ病と診断されたか生活の質に関する調査結果が低水準だった人たちで、研究者らはその一部の人々の腸内バクテリアとコホート内の他の人々のバクテリアを比較することができた。その結果、フィーカリバクテリウム属（*Faecalibacterium*）とコプロコッカス属（*Coprococcus*）のバクテリアが存在した場合、常に生活の質に関する指標も高水準であることがわかった。興味深いのは、これらのバクテリア種はどちらも酪酸の生産者であることだ。酪酸は以前に炎症性腸疾患について検討した時にも出てきた短鎖脂肪酸だ。覚えているだろうか、免疫システムが自分自身の細胞に反応して攻撃を仕掛けないようにするため、制御性T細胞（Tレグ細胞）の形成を促進するのが酪酸だった。[9]

一方、うつ病の場合コプロコッカス属とディアリスター属（*Dialister*）の種が減少していた。年齢、性別、抗うつ薬の服用といった交絡因子［疫学調査で、注目している要因以外に結果に影響を与える要素のこと］を補正した後でも、これらの結果は明らかだった。[10] もうひとつ注目に値する発見がある。「生活の質」と、腸内バクテリア群が3，4―ジヒドロキシフェニル酢酸という化合物を合成する能力との間に、正の相関関係があったのだ。この化合物は神経系でドーパミンが分解されてできる物質のひとつ。ドーパミンは神経伝達物質で、神経系の機能に関係し、通常より低水準になるとうつ病につながる。

マイクロバイオーム（微生物叢）がわたしたちの神経系と直接関係する分子を生産する能力、もっと適切に言うなら、わたしたちのメンタルヘルスに明確な役割をもつ物質と関係する分子の生産能力をもっていることは実に興味深いが、現時点ではこうした関係は相関関係であって因果関係とはいえない。[10] これらの分子がバクテリアの成長に影響することもわかっているが、バクテリアが生産する分子がわたしたちの神経系と相互作用するとしても、どのようなメカニズムなのか、神経系がどのように腸内バクテリアと相互作用し、そうした相互作用（現状ではまだ推測の域を出ない）が本当に様々な疾病の発症リスクに影響を与えているのかは、まだわかっていないのだ。推測の話ばかりのようだが、憶測ではない事実がひとつある。それは腸内バクテリア研究者にとって、非常によい時代が巡ってきたと感じられることだ。

「内環境」を変える

これまではたいてい慎重な言い回しをしてきた。それは腸内バクテリアと健康とのつながりを示す非常に多くの研究結果が得られてはいるのだが、それらは相関関係の指摘にとどまっていて、はっきりとした因果関係が示されていないからだ。こうした注意点はあるにしても、腸内バクテリアを免疫介在性炎症性疾患の中核と捉えるコンセンサスが支持されてきている。また腸内バクテリアとうつ病の関係は、通常の健康な状態に関与する分子が介在していると思われるが、この関係についての知識も深まってきている。多くの症例の中で、腸内バクテリアに関わる疾病は増加しつつあり（たとえば、うつ病など）、疾病によっては（たとえば炎症性腸疾患）発生数の増加が工業化と欧米化、つまり現代的なライフスタイルと直結していた。では、第一に体内のバクテリア群に、第二にそのバクテリア群を介して免疫系に重大な影響を及ぼしている現代のライフスタイルとはどのようなものなのだろう。

　第一の腸内バクテリアの変化の方はわかりやすい。わたしたちの腸をひとつの生態系と考えれば、腸内生態系に生息するバクテリア種に影響を及ぼす要素を理解するには、生態学的アプローチが必須だ。自然界で生態系がどのように機能しているかを知りたい場合、その物理的環境と、種が環境と相互作用しつつ、さらに生物同士が相互作用しながら生息する手段についての理解が欠かせない。こうした複合的な相互作用を理解しなければ、バクテリア群がどのように形成され、それがどのように機能し、いつ、どのようにして、なぜ崩壊するのかについての理解は進まない。森林のような自然生態系では物理的パラメーターとして温度や季節性、降雨量、土壌やｐＨ、そして地形（環境の起伏）や標高、方角などがある。生態系に生息する種は、生態系が現状のままどのくらい持続するのか、その生態系を取り囲む生態系は何か、どの種がその生態系に初めて個体群を形成したか（創始者効果）、その個体群の出現により生態系はどのように変化したか（生態遷移）などのあらゆる要因に依存する。わたしたちの腸も確かに小さな生態系であり、熱帯林と比較すれば生物多様性は低いだろうが（鳥類や哺乳類、爬虫類、植物などは存在しない）、それでも腸も歴史と相互作用の産物であり、微生物群の小さな変化や絶滅、定着に敏感だ。腸をひとつの生態系という視点で捉えれば、腸に影響を及ぼす最も重要な要因がただちに見えてくる。微生物群の定着とバクテリアの相互作用、そして栄養の投入だ。

　腸内バクテリアの栄養環境を決定しているのは、わたしたちが摂取する食物のみだ。バクテリアが消費できるのはそれだけなのだから、わたしたちの食事が腸内バクテリア群の構成を決定する上で非常に強力な役割を果たしているのではないかと考えるのは、よく理解できる。前章までで学んだように、現代の食事は進化史との不適合などにより、バランスが悪く健康に問題が生じている。わたしたちが腸内バクテリア群と足並みを揃えて進化してきたこと、そしてわたしたちがごく最近になって腸内バクテリアに負わせた環境は、彼らがかつてその中を生き抜くように選択されてきた栄養環境とはまったく異なることを考えれば、進化史との不適合を探る上で食事に注目することは確かに的を射ている。

　疾病と遺伝子に見られる地理的差異に注目すると、何が進行しているのかを正確に捉えたい時に重要な洞察が得られることがよくあるが（第二章、第三章で見たように）、腸内バクテリアと食事の関連性についてもその例に漏れない。世界に分布する様々な人間集団には、集団間でも集団内でも腸内バクテリア群に大きな多様性が見られる。この多様性は、腸内バクテリアがわたしたちと共に進化してきたことを強く示唆している。たとえば日本人は、腸内バクテリアによって発現するポリフィラナーゼ（多糖類分解酵素）という酵素をコード化した遺伝子を持つ。この遺伝子は日本人の体内に存在するバクテリアである、バクテロイデス・プレビウス（*Bacteroides plebeius*）のゲノムに含まれるが、日本人以外の人間集団にはこれと同じ菌株は発見されていない。この酵素は海草の消化を助ける。海草は日本食でよく利用されるが、他の集団ではめったに料理に使わない。単一の遺伝子の変化は、人間と腸内バクテリアが緊密に共進化をしてきたことをはっきりと示しているが、最も関心があるのは、総括的な腸内バクテリア群のパターンと食事との相関性だ。幸いにこのテーマに関する研究がいくつかあり、それらの研究はみな同じ方向性を示している。ベネズエラ・アマゾンとマラウイ共和国の農村部、そしてアメリカ合衆国の住人の比較研究では、フィルミクテス門（*Firmicutes*）のバクテリアに対してバクテロイデテス門（*Bacteroidetes*）のバクテリアが増加していることがわかった。バクテロイデテス門のプレボテラ属

(*Prevotella*) は炭水化物の豊富な欧米型の食習慣の人に多く見られるが、関節リウマチ患者にも高い水準で見られる。一般的にバクテロイデテス門のバクテリアの増加とフィルミクテス門のバクテリアの減少は炎症性腸疾患との間に相関が見られる。さらにうつ病を患う人の場合、フィルミクテス門に含まれるフィーカリバクテリウム属 (*Faecalibacterium*) とコプロコッカス属 (*Coprococcus*) そしてディアリスター属 (*Dialister*) の三つの属のバクテリアが減少していた。一方バクテロイデス属が豊富な場合は、生活の質の低下とうつ病との関連性が見られた。

炎症性疾患は欧米型ライフスタイルと関わりがあるが、腸内バクテリア群がその疾患と相関のあるバクテリア種へと移行することには欧米型食生活が関係しているらしい。ここでわいてくる疑問は、現代人の腸内バクテリア群を、直近とはいえ現代以前の進化史に寄り添った生活をしていた人々のバクテリア群の構成バランスに戻せるのかどうかだ。答えは慎重かつ楽観的に言って「戻せるかもしれない」だ。たとえば炎症性腸疾患の研究では、食事療法の効果が明らかにされているが(低硫黄食、糖質制限食)、現段階ではこうした効果が腸内バクテリア群の変化によるものなのか、消化器系の別の要素の変化によるものなのかはまったくわかっていない。[11] もう少し視野を広げてみると、ある研究では脂質制限食か糖質制限食（かつ低エネルギー食）を一年間続けると、フィルミクテス門のバクテリアに対してバクテロイデス門バクテリアの割合が増加することが指摘されている。この研究は主に肥満に関心があったのだが、被験者の食事内容から明らかにされたのは、バクテリア群の有益な変化が適合しているのは脂肪と糖質が豊富な現代の食事ではなく、間違いなくわたしたちの進化的過去に適合する変化であることだった。また腸内バクテリアを育むには食物中の食物繊維が重要な成分であることもわかっているが、こうした繊維質に反応するのがフィルミクテス門のバクテリアだ。[12] これらのバクテリアは食物繊維中に含まれる糖質を利用できるのだが、繊維質の少ない食事ではそうした食事を好む別のバクテリアが増えることになる。

「ディスバイオシス」（腸内バクテリアのバランス失調）をもたらすとされる欧米型のマイクロバイオームでは[13]、様々な病気にかかりやすくなることから、まだ学ばなければならないことはたくさんあるが、食事が疾病の有力な原因となっていることは明らかだ。現代の食生活はわたしたちが共に進化してきた腸内バクテリア群とは相性が悪く、それとはわずかに異なり免疫系と相互作用して疾病の原因となるバクテリア群にとって都合がいい環境を提供しているとする考え方が、コンセンサスとなりつつある。だがこうしたアイデアは骨格に過ぎず、肉付けとなる研究が圧倒的に不足していて、因果関係のメカニズムとその強力な裏付けがない。しかし何はなくとも骨格は手にしている。

腸内バクテリアに影響を与えるのは、食事が唯一の要因というわけではない。海底火山で形成された新たな岩塊のような島に動物や植物が生息地を開拓しなければならないのと同じように（ハワイ諸島やガラパゴス諸島など）、バクテリアも人間の腸内に入り込まなければならない。こうした生態学的な移入の過程は、現代的なライフスタイルといった、これまでの人間の進化史には存在しなかったまったく新しい要素による影響を受けるが、こうした創始者効果による腸内バクテリア群への影響の強さと重要性をめぐっては現在熱い論争が展開されている。

最もよく知られている創始者効果仮説は、すでに第三章でも触れた分娩様式に関係する。帝王切開で出産した乳児は、経膣分娩で生まれた乳児と比べ、特定の疾病にかかるリスクが高いことが、多くの研究によって示唆されている。特に興味があるのは、疾病の大規模な分布や頻度を調査する疫学研究から、帝王切開と自己免疫疾患やアレルギー、喘息（多くの場合短期間）の増加との関連性が明らかにされたことだ。他の研究からは分娩様式が腸内バクテリアの違いに関係することも示されている。さらに帝王切開による分娩の割合が世界的に増加、中でも増加が集中しているのが先進諸国で、これらの国々ではこの世に生まれてくる乳児の四分の一以上が帝王切開による。これらの証拠を結びつけると、経膣分娩が「バクテリアの洗礼」となり、出産過程で乳児は母親譲りのバクテリアを受け取るという仮説が生まれる。対照的に帝王切開で生まれた乳児はこうした洗礼を受けることがないため、その結果腸内バクテリア群が機能不全を起こし、続いて免疫関連の疾病を患うことになる。この経膣分娩が免疫力を高めるとする説が広まり、新生児に膣液を意図的に塗る「膣液植え付け」(vaginal seeding) という治療も増加している。

この創始者効果仮説には膣液植え付けが増加するほど、説得力はあるのかもしれないが、そのことを裏付ける証拠となるとさびしい限りだ。まず覚えておきたいのは、経膣分娩と帝王切開で生まれた乳児の腸内バクテリアの違いは一時的なもので、離乳後はこの違いはなくなるのである。しかし、帝王切開で出産した乳児が経膣分娩の場合とは異なる腸内細菌を持つ出産時の状態が、免疫系に長期的な影響を及ぼし、それが後になって自然分娩で生まれた子どもとの違いとして現れてくる可能性もある。バクテリアの構成に違いを生み、その後の健康状態にも影響を与える過程には、抗生物質の投与や分娩の開始、母体の体重、母体の栄養摂取、すぐ後でも述べることになる母乳保育など数多くの交絡因子があり、しかもそれらがひどく絡み合っている。このテーマに関する最近の重要なレビュー論文では「帝王切開と構成が変化したマイクロバイオームの定着の間に関連があることが多くの研究で示されている［が］、その因果関係を裏付けた論文はない」と結論づけている。乳児の腸内バクテリアの移入は実際には子宮内で始まっているとする最近の発見は魅力的ではあるが、すでにかなり入り組んだストーリーに複雑さを上塗りするような発見でもある。

　出生後のバクテリアの腸内への移入に関係する第二の過程は、やはりこれまでの議論で目にしてきた乳児への栄養補給法だ。母乳保育は進化の流れに沿った手段だが、最近の技術的発展と欧米社会で一般的な社会的要因が相互作用し、主にあるいは完全に乳幼児用調整乳（フォーミュラ）だけで育てられる乳児の数が増えている。乳児の便に関する多くの研究から、母乳育児の乳児と調整乳育児の乳児では腸内バクテリア群に違いがあることが明らかにされ、さらに母乳育児によって特に炎症性疾患や炎症性大腸炎など多くの疾患から保護されることも示唆されている。[14]もうおなじみの繰り返しになるが、この説の根拠も主に相関関係に基づくものであって、こうした関係を生むメカニズムについては依然として欠落したままだ。しかし、いくつかの証拠から、母乳保育と乳首周辺の皮膚に口を接触させることが、腸内に母体のバクテリアを植え付ける要因のひとつと示唆されている。[17]生後一か月の間は、乳児の腸内バクテリアの三〇パーセント近くは母乳に由来し、一〇パーセント以上が乳首周辺の皮膚に由来するものらしい。しかし帝王切開での分娩でも説明したように、腸内バクテリア群の相違は短期的なもので、長期的な健康への影響については相互に関連し合う数多くの要因が存在するため、予測が難しい。

さらなる不適合、さらなる問題

わたしたちの身体的苦悩を現代世界と進化的遺産との不適合に原因を求めるのであれば、先進諸国で増加している疾病や症状に目を向けるのは優れた戦略だ。すでに見たように、観察されているいくつかの炎症性疾患の増加は、免疫系と腸内バクテリアを介して、わたしたちの食生活の最近の変化、そして食生活以外の現代世界の発展と関係している。いったん腸とその腸内バクテリア群との明らかなつながりから距離を取ってみると、他にもやはり現代的な暮らしの登場と共に増加してきた免疫関連疾患の存在が見えてくる。

喘息もそんな疾患のひとつだ。肺に空気を送る管（気道）の炎症が原因で、ハウスダストとなるチリダニ、花粉や煙、大気汚染そして冷気といったアレルゲンをはじめ多様な因子が引き金となる。喘息はアレルギー反応を起こす物質であるアレルゲンが引き金となって生じることから、やはり現代世界で増加中で、免疫系と炎症作用とも強く結びついたその他の疾患との関連性が見えてくる。アレルギー疾患には、命に関わるアナフィラキシーショック（免疫系が過敏な反応を起こすようなアレルゲンによる急性で重篤なアレルギー反応）や、食物アレルギー（特に多いのがナッツアレルギー）、鼻炎（鼻の粘膜の炎症で、たとえば花粉症に見られる症状）、結膜炎（英語ではピンク・アイといい、瞼の裏側と眼球の表面を覆っている粘膜部分の炎症）、湿疹（皮膚の炎症）、好酸球性食道炎（食道の粘膜に生じる炎症）、薬物アレルギーや昆虫アレルギー（特にスズメバチなどによる刺傷）などがある。世界中でおよそ三億人が喘息を患い（二〇二五年までには四億人に達すると予測されている）、約二億五〇〇〇万人が食物アレルギー、四億人が鼻炎、推定で人口の約一〇パーセントが薬物アレルギーを患っている。これらの疾患を同時に発症することも多く、その場合はかなりの苦痛が伴う。経済面で見ると、アメリカ合衆国では喘息により一年間に二〇〇億ドル近い費用がかかり（二〇〇七年）、重篤な食物アレルギーについては算出が難しいが、生活が制約されることは明らかで、ライフスタイルを選択する場合に何より先に考慮しなければならない要因となる。[16] ナッツのサービスがある飛行機には乗れない、あるいは一〇〇パーセント死ぬことはないと保証されなければ何も食べられないとすれば、現代世界だからこそ得られる快適な機会を享受することはできないだろう。

現代世界はさまざまな機会を提供したが、率直に言えばアレルギー疾患を増加させた原因でもある。この疾患の増加は都市化と経済的豊かさに強く関係していることは確かだが、これまでと同じように、実際には見た目より多少なりとも複雑だ。たとえば、アレルギー疾患の大きな増加が見られるのは低所得あるいは中程度の所得の国々なので、アレルギーをなんとなく甘やかされて育ったお金持ちの病気と考えるのは正しくない。低所得から中程度の所得の国々では調理や暖房に薪や牛の糞などの固形燃料にそのまま火を点けるか、せいぜい簡単なコンロを使っていて、換気が悪いことも多い。調理や暖房時に発生する煙は豊かな国では少なくなっているが、多くの低、中所得の国々では依然として至るところで見られ、特にアレルギー疾患増加の影響を受けやすい乳児や子どもにとってこうした副流煙が問題になる。[17]このような室内大気汚染は貧しい国々では先進国の五倍以上も深刻で、喘息発症の要因となっている。

衛生の問題

アレルギー疾患の増加に寄与している可能性がある明らかな進化上の不適合のひとつが、人間は閉鎖的な空間で煙を吸いながら生きるようには進化してこなかったことだ。こうした指摘は平凡なのでワクワクするほどではないが、事実であることに変わりはない。不適合とはいってももっと切れ味鋭く興味深い議論も提起されている。免疫系と現代的なライフスタイルの間で生じうる相互作用に直接焦点を当てることで、アレルギーの増加を説明しようとする仮説だ。[16] この仮説は極めて直感的で魅力があるため大きな支持を得て、非常に多くの人に受け入れられている。「衛生仮説」(hygiene hypothesis) は、現代のわたしたちは周到なまでに清潔な環境で生活しているが、免疫系の方は不衛生な現実世界で生きることを前提に進化しているため、実質的に敵がいない衛生的な環境では、敵と味方の区別を学ぶことができなくなっているとする説だ。わたしたちの免疫系の中にある適応的で教わりじょうずな機能は、味方や敵となり得るバクテリアに曝《さら》されることで成熟するため、アレルギー反応はいわば免疫系が満足に学習できない結果ということになる。つまり、現代世界では免疫系が敵と味方をうまく区別できないため、過剰反応を起こすのである。

このアイデアを、免疫関連疾患の増加を説明する現実的な説明に発展させるには、ただ単に「清潔にし過ぎる」というだけでなく、もう少し具体性を深める必要がある。

幼年期におけるバクテリア感染の減少とアレルギー疾患の増加の関連性が初めて指摘されたのは一九七〇年代のことだった。当時はまだ、農村環境で育てばバクテリアへの曝露《ばくろ》機会が多くなると想定され、花粉症やアレルギーの予防になるという考え方が啓発されていた。前述の「衛生仮説」が実際に登場するのはもっと遅く、一九八九年のデイヴィッド・ストラチャンの研究以降のことだ。ストラチャンが関心を持っていたのは主に花粉症の増加で、ブリティッシュ・メディカル・ジャーナルに「花粉症、衛生そして世帯規模」というタイトルの論文を発表し、花粉症の増加についてエレガントな仮説を提唱した。それと同時に喘息と小児湿疹で観察されている発症数の増加の理由も説明した。ストラチャンは次のように述べている。「過去一〇〇年間で世帯規模は縮小し、家庭内の設備も快適になり、個人の衛生意識も高くなり、若い世帯では交差感染［感染症が人から人に感染すること］の機会も減少した。こうしたことからアトピー性疾患の発症が広がることになったのだろう（花粉症や湿疹、喘息などの過敏性アレルギー反応の原因となる）。花粉症もそうだったように初期には裕福な人々にみられた」。つまり、感染症がうつることはあっても、きょうだい同士で非衛生的な接触をしていた方がアレルギーの回避にはよいことになる（四人の子どもの父親としてわたしは、子どもたち同士の接触がどんなに非衛生的であるかは身にしみている）。

この「衛生仮説」が大衆紙でひっぱりだこになったのは、おそらく直感的かつ論理的ですっきり理解できると思われたこともあったのだろう。それに誰にもありがちな次世代をいびるという暇つぶしにも好都合だったのだ。古き良き時代には子どもたちは外で遊び、動物や植物そして土に触れて育つものだった。またこうした時代には、最近はもっぱらお世話になる抗菌製品という武器もなかった。結局、かつては住宅が不潔で微生物に曝露する機会が多く、免疫系はめいっぱい学習することができた。確かにかつては結核や赤痢で死ぬことはあっても、ナッツを食べることはできたのである。もちろん最近は町を行き交う人は誰しも元気がなく、アレルギーや喘息のせいで鼻をぐずぐずさせたり、胸をゼーゼーいわせている。現代は極めて衛生的で、子どもたちもかつてなら口に入れていたような汚いものは決して食べないため、免疫系というシステムがバクテリアという先生に出会えないのである。

免疫や腸内バクテリアそして炎症疾患との関係がわかったことから、人生の早い段階でバクテリアに曝露しない場合、特に表に出ないつまり症状に現れない曝露が低水準であった場合、免疫系の発達に障害が起きる可能性を示唆するのは当然だろう。この衛生仮説が生物学的に見てもっともらしいことはたいへんな強みのひとつだ。しかし魅力的なアイデアやかなり興味をそそる相関関係があるにしても、そこから因果関係の検証に基づく科学的コンセンサスへ至る道は険しい。

衛生概念の重要な柱は、家庭内を極めて清潔に保ち、バクテリアを一掃することだが、その結果デッド・ゾーンとなった住宅が子どもたちの健康に悪影響を及ぼしている。ストラチャンの論文では世帯規模とアレルギー疾患、主に花粉症が逆相関にあることに注目していた。逆相関とは、一方の値が増加すると（この場合は世帯規模）他方（花粉症の発症数）が減少する関係にあるということだ。ストラチャンはこの逆相関を大家族で起こりうる高水準の交差感染と結びつけ、世帯規模の縮小（一般的に先進諸国で見られる）が交差感染を減少させ、アレルギー疾患を増加させると提起した。またストラチャンは「室内設備の改善と個人の高水準での清潔さ」が交差感染の機会を減少させたとも述べている。この二〇字足らずで表現された状況がご存じの衛生仮説を生んだわけだが、わたしたちの家庭が今や非常に清潔で子どもたちの免疫系がバクテリアに曝される機会がなく、それが子どもたちのアレルギーが増えている理由だと、ストラチャンは特に述べたわけではなかった。彼が示唆したのは小家族化が大きな要因のひとつだということ、そして室内設備の改善と個人の衛生意識の向上が重要であるかもしれないと推測したのである。ストラチャンの論文には家庭の衛生についてはっきりと触れている部分はないが、確かにそのように読み取ることはできた。そして多くの人が家庭の衛生が重要だと理解したのである。

衛生仮説の傘に入る様々な問題を検証するために多くの研究がなされたが、ほぼ共通して指摘されたのが、三人以上のきょうだいで育つとアトピー性疾患（特に花粉症）のリスクが低いこと、そして特に年長のきょうだいが男子の場合、年少者のリスクが減少することだった。[18] 元データで示唆された家族の規模と全体的なアレルギー疾患との関係はいくつかの研究でも示唆されたが、個々の疾患を調査してみると、この関係が常にみられるわけではなかった。[19]

家族の規模が小さいからといって、現代の家庭が清潔過ぎることを示しているわけではないし、それを確かめることもできないだろう。家庭の清潔さを確かめるには、家庭の衛生環境と個人的な衛生管理を調査しなければならず、家族の健康状態を定量化しなければならない。科学的に理想的な方法としては家庭での衛生状態を操作的に管理することになるが、この検証実験は倫理委員会の審査をパスしそうにない。被験者に非衛生的な生活を求めれば、感染症にかかる可能性が増大し健康上の問題を引き起こす可能性が高い。衛生的に過ごすように求めれば、被験者がアレルギーを発症するかもしれず、そう想定するだけの理由もある（それが検証しようとしている仮説の根幹だからだ）。もうひとつのアプローチは、今述べたことと関連するが、利用している洗浄製品や清掃の実践についてと、時間的、空間的なアレルギー疾患の流行について調査する（空間的にとは、たとえば各国の流行の度合いを比較する）ことだろう。いつものことだがこうしたもつれあった社会的な要因と医学的要因を解きほぐすのは、控えめに言っても生やさしいものではない。

結局のところ、家庭での衛生とアレルギー疾患との関連性に取り組んだ研究は、慰めようのない空くじを引いたようなものだった。そんな関連性は存在しないのである。そう、わたしたちは昔より多くの洗浄製品を利用しているが、洗浄製品の全体的な消費、あるいはヨーロッパ各国に特有の様々な洗浄製品の消費は、他の要因を調整した場合のアレルギー疾患の増加とは相関関係がないのである。二〇〇六年に発表された衛生仮説に関する主要なレビュー論文の結論は明快過ぎるほど明快で「アトピー（花粉症や湿疹、喘息などの疾患）と家庭の清掃及び衛生との関連性に関する証拠はあるとしても薄弱だ」[5]。著者らはサマリーではもう少し突っ込んだ言い方で「アレルギー性疾患の増加は病原性微生物［疾病の原因となる」による感染の減少とは相関性がなく、家庭における衛生面での変化で説明できるものでもない」と記している。衛生仮説に関する二番目の主要レビュー論文は二〇一二年に発表された。[20] 衛生仮説とその意味についてさらに知りたい読者は、専門的だが読みやすいこのレビュー論文の一読を強くお勧めする。オンラインで無料で読める。この論文の著者らはさらに踏み込んで『「非衛生そのものが予防になる」［つまり不潔な住居が子どもたちをアレルギーから守る］という説は、今ではほぼ誤りであることが明らかになっている』とした上で、もううんざりだとでも言いたげに「ところが大衆紙ではいまだになにかと衛生仮説を取りあげる」と付け加えている。

「衛生仮説」という家庭内の衛生に大きな重点を置いた用語は、誤解を招きやすく有益ではない。今日の科学論文でこの用語を使うのは、現在では用いられないことを指摘するためか、科学史上の初歩的な場面設定の一環として利用する場合だけだ。しかし、この単純過ぎた「家庭衛生モデル」は論駁《ろんばく》されても、衛生仮説の傘に隠れていたこんがらがった概念まで消滅したわけではなかった。実際、微生物への曝露とアレルギー疾患の関連性という基本的なアイデアは受容され、コンセンサスとなっている。

ストラチャンの元々の議論に戻ると、アレルギー疾患とバクテリアによる感染症との関連性は、家族規模が交差感染の現実的な代理指標となるという仮定に基づいている。代理指標とは、定量化できない事象をうまく反映できる、定量化可能な別の事象を利用して測ることだ。推論の幅を広げるために、家族の規模を一般的な微生物への曝露の代理指標としたのである。衛生仮説は登場初期から科学的言説として急速に発展し、現代的なライフスタイルが微生物への曝露を減らし、免疫系の学習機会を貧弱にすることでアレルギー疾患を増加させているという、当初と比べると遥かに幅広い概念へと展開した。この拡張された「衛生仮説2・0」では、広範な環境に存在する非病原性バクテリアや、バクテリアが生産する毒素などといったバクテリアの一部、そして都会生活の増加、環境や動物との接触の減少、さらには家族の添い寝の減少といったライフスタイルの問題まで取り込んだ。つまり「衛生仮説2・0」によれば、わたしたちが構築した現代的なライフスタイルを彩るものすべてが、バクテリアと共進化した過去との不適合を起こし、重大な健康問題を生んでいることになる。

ライフスタイル（広い意味での環境）と免疫関連疾患との関連、この場合は自己免疫疾患の1型糖尿病との関連を明らかにするために必要な証拠を提供したのが北ヨーロッパのカレリア人だった。ロシアに住む少数民族カレリア人には1型糖尿病が非常に少ないが、ロシアから同じ緯度のフィンランド側へ国境を越えるだけでこの疾病は六倍に増える。遺伝的バックグラウンドはほぼ一致、つまりロシアのカレリア人とフィンランドのカレリア人は別の民族ではないにもかかわらず、糖尿病の発病率が異なる。遺伝的には同一の集団だが、政治の影響で数百年前にふたつの集団に分離し、その後の交流はほとんどない。最近袂を分かつようになった集団間には有意な遺伝的差異が進化するほどの時間は経過していないが、フィンランドの集団では1型糖尿病が大幅に増加している。遺伝が原因でないとするなら、この違いは環境の相違の結果としか考えられない。ロシアのカレリア人はかなり貧しい低開発居住地で生活し、一方フィンランドではほとんどがノース・カレリアという地域に居住しており、現代的で都会的な生活を送っている。そしてふたつの集団の大きな違いは、より自然に近いロシアの集団よりフィンランドの集団の方が微生物への曝露が遥かに少ないことだ。

旧友との別れ

免疫システムと微生物への曝露についてわかっていることと、ライフスタイルの変化をストーリーとしてつなぎ合わせるのはかなり困難だが、グラハム・ルークと彼のチームが二〇〇四年に提起した「旧友仮説」は、それらをまとめる試みのひとつだった。ルークらは既存の研究を調査し、Tレグ細胞の機能不全の増加（現代世界で増加しつつある炎症性疾患に見られる炎症反応の中核的存在）は、哺乳類の環境中に進化史を通して常駐してきた微生物への曝露（注意しておくが微生物とはバクテリアだけではない）が減少した結果と結論づけた。ルークらはこれらの微生物をわたしたちの「旧友」と呼んでいる。

　人間や他の哺乳類の免疫系は、これまでの数百年間は進化していない。人間の免疫系は最も遠い祖先の間で進化したもので、さらに遥かに遠い人間になる前の祖先の間で進化した免疫系を土台にして進化が進んできたものだった。祖先の進化的環境は、自然のままの不潔で、多様な生物が存在する世界といった感じで、その時代の世界とならわたしたちもうまくやっていけたのだろう。土と泥にまみれるのは当たり前で、土壌中や動物や人間の糞に生息する微生物とも接触しただろう。そうした微生物には寄生虫（扁形動物や線形動物）、ウィルスやバクテリアも含まれる。植物の葉やベリーを採集して洗わないまま食べ、動物を仕留めて素手で処理すれば、微生物との接触は頻繁に起こり、接触する生物も多様であることはまぎれもない保証付きだ。こうした絶え間ない侵入者が存在する環境を背景として、祖先の免疫系は脅威に反応したが、すべての侵入者に反応するのは非効率的で望ましくないだろう。第一そのように「何から何まで」反応していたのでは、この免疫系というシステムの所有者は大き過ぎる代償を払わなければならなくなることは、アレルギー疾患や炎症性疾患のある人で見たとおりだ。第二にこれまで見てきたように、わたしたちと共生的な関係にある腸内のマイクロバイオームはわたしたちにとって絶対的に重要で、わたしたちの進化上の祖先にとっても同じように重要だった。

免疫系というシステムは、常に存在する極めて一般的な生物と、利益をもたらす生物に対しては寛大になることを学ばなければならない。わたしたち人間はこれらの生物、これらの旧友と共に進化し、免疫系というシステムの状態を調整するためにこれらの生物に依存するように進化してきた。免疫系は過剰と不全の間の微妙な綱渡りができるように、これらの生物に教育してもらわなければならない。この旧友の指導がなければわたしたちの免疫系はバランスを崩し綱から落下してしまう。微生物への曝露なら何でもかまわないというわけではなく、これら旧友である微生物への特別な曝露が重要なのだ。[10]

島での生活

「誰もひとつの島ではない」と詠ったジョン・ダンは間違っていた。わたしたちはひとつの島なのだ。ひとりひとりがニッチの豊富な生息地をバクテリアに提供する島だ。そして大海に姿を現す火山島のように、機は熟し移入の準備も整っている島なのだ。バクテリアはそんな島に上陸し、住居を定め、互恵的な関係の中でわたしたちと共に進化した。そうすることで島も定住者も利益を得たのである。進化は免疫系に磨きをかけ、わたしたちの身体と多数のバクテリア、その他の微生物との間の化学的な伝達経路を形成し、味方には寛容に、敵に対しては適切な力を以て対応できるように適応した。わたしたちが築いた現代世界は家族構成や住宅設備などを通して、出産の様式から食事まで、この微妙なバランスのとれた関係を破壊してしまうような無数の方法を準備した。わずか数十年の間にわたしたちのライスタイルの変化が加速したことで、腸内バクテリアと強く結びついているか、その可能性が高いあらゆる疾患が増加することになった。ここでも通奏低音のように響いてくるメッセージが環境と進化の不適合で、すでに見てきた不適合と同じく、その結果は個人レベルでも集団レベルでも深刻だ。ではどうすればいいのか。将来は糞便移植も開発されるだろう。機能不全を起こした腸に健康な腸からフレッシュなバクテリア群を直接導入するのである。面白味に欠けるがもっと刺激の穏やかな方法として、まずは果物や野菜を多く摂取することだ。パレオダイエット（第二章）の本当の価値もそこにあるのかもしれない。

第五章　ストレス　救世主から殺し屋へ

ストレスから逃れることはできない。職場では精神的に疲労し、緊張を強いられる事態に巻き込まれ、他人にはイライラさせられる。読者もストレスだらけの日々が続いているのではないだろうか。多くの人が常にストレスを感じていると訴える。あらゆるメディアを遮断しなければ（詳しくは第六章、第九章を参照）、様々な形態を装って降りかかってくるストレスのせいで身体を壊してしまうのだが、そのストレスの原因が実はわたしたちのライフスタイルにあることが次第に明らかになってきている。しかし、快適で安全な現代の生活が、いったいどうして先祖よりもストレスに満ちたものになるのだろう。わたしはクマと取っ組み合いになったことはないし、子ども時代から現在まで飢饉で苦労したこともない。読者もそうだと思う。ではわたしたちが生活をもっと凌ぎやすく心地よくなるように地道に作り上げてきたテクノロジーを駆使した快適な現代世界が、どうしてわたしたちのストレスになるのだろうか？

ストレスという言葉は、抑圧や焦燥感を覚えたり、現代生活で求められることに疲れきった時など、多くの状況で用いられている。ところが、この言葉の正しい意味、医学的意味は、押しつけがましい雑誌の記事ではわからないもっと微妙なところがある。意図的に誤解させようとするような記事を鵜呑みにするのではなく、そもそもストレスとは何であるのかを検討し、ストレスが健康にどう影響するのか、なぜどのようにストレスは進化してきたのか、また現代生活がこれほど否定的な形でこの進化的遺産と相互作用するのはなぜなのか、その理解を深めていくことにしよう。

ストレスは殺し屋……

現代世界におけるストレスの影響は、進化的不適合への観念的な知的好奇心では太刀打ちできない。ストレスとは殺し屋なのである。急性ストレスにより心臓発作を起こす場合もある。背筋が寒くなるかもしれないが、一九八一年に起きた巨大地震後のアテネでのいわば自然実験でそのことが極めてエレガントに示された。研究者は一九八一年二月二四日に起きた地震以降の死亡記録を調査し、その前年（一九八〇年）と翌年（一九八二年）の同時期の死亡記録を付き合わせた。その結果、地震発生以降、心臓関連死が予想以上に増えたが、がん関連の死亡数には変化がなく、他の疾患による死亡の増加もほとんど見られなかった。一九八一年に確認された「超過死亡」は基礎疾患として心臓病を持つ人に顕著で、地震によるストレスが心臓発作の原因となり、特にストレスに対して脆弱になる疾患を持つ人に顕著となることが明確に結論づけられた。[1] 心血管疾患による突然死は、オーストラリアやカリフォルニアにおける他の地震直後にも見られ、急性ストレスは致命傷になり得ることを明確に裏付けている。

急性ストレスと心臓発作の関連性は多くの調査で示されていて、急性ストレスで死亡したとしても不思議はない。こうしたストレスに起因する死亡の裏には心血管疾患が潜んでいることが多いが、この疾患が増加しているのは、多くの人が持ち合わせている疾患に対する遺伝的感受性を背景にして現代的な食生活と運動不足が影響している。これまでの章でもおなじみになってきたテーマだが、突然生じる危機的な事態に対処するために進化した生理学的反応と、現代のライフスタイルが心血管系の健康にもたらしている問題との間に、明らかな不適合が存在するのである。特に公衆衛生的な観点から懸念され、近年のライフスタイルの変化とわたしたちの進化的遺産との相互作用に強く関係しているのが、長期に及ぶ慢性ストレスの健康への影響だ。あらゆる場面で降りかかってくるマイクロストレッサー（膨大な数の電子メール、バスに乗り遅れたこと、金銭面での不安、子どものこと、人間関係、空っぽの冷蔵庫、金利、気候変動、インスタグラム、洗濯物のこと等々）への反応として生理学的ストレスが生じ、ひとつひとつのストレスは低レベルでも恒常的に点滴のように注入されれば、あとで述べるように、身体内で多くの化学物質が放出され、それらが集合し累積して長期的な健康問題を起こす。ストレスによる一般的な身体的影響としては頭痛、筋緊張と筋肉痛、胸痛、疲労感、性欲衰弱、胃のむかつき、そして睡眠障害などが現れる。これらの身体的影響が次々と気分や行動に影響し、そのことがさらにストレッサーとなり、極めて有害なフィードバックサイクルつまり悪循環を形成する。ストレス誘発性の頭痛が不安をよび、不安が引き金となって摂食障害を起こす。また痛みから情動不安や気分変動につながり、不安を和らげる自己治療としてドラッグやアルコールに浸ることになる。一方、疲労と睡眠障害によって不安が募り、打ちのめされた気分になり、社会的に引きこもるようになり、ドラッグやアルコールを買い込んで乱用に陥る（第八章）。こうして螺旋を描くように悪化するストレス症状は、直ちに目に見える影響が出るわけではないが、うつ病やアルツハイマー病の原因となることが示されていて、少なくとも釣り見出しに目をやればがんの原因にもなるとある（もちろんこうした見出しの記事の内容を読んでみれば、無視してよいものばかりだ）。あとで検討することになるが、現代的なライフスタイルとマイクロストレッサー、疾病と人間の進化の間のもつれ合った潜在的関係性を明らかにするのは決して簡単なことではない。その前にまず答えておかなければならない、とても重要な問題があった。ストレスとは何かだ。

実はストレスなしでは生きていけないのだ

人間も含め動物とは恒常性が維持される中で活動することを好むものだ。一般的に変化は好まれないし、特に急激に生じる大きな変化は遠慮願いたいところだ。わたしたちの身体を定常的で好ましい状態に維持する過程をホメオスタシスと言い、普通は特に意識しなくてもすべてが正常に機能し続ける。たとえば室温を一定に保つためにボイラーのスイッチのオン、オフを切り替えるサーモスタットのように考えてみればいい。サーモスタットの存在を気にかけなくても、たいていうまく室温は保たれる。

ストレスを生理学的観点からみると、通常の調整機能によって維持されている身体の定常状態から逸脱するように作用する環境圧力に対する身体反応で、たとえば氷のように冷たい水に落ちるとか、茂みの中から突然トラが現れるといった状況を考えればいいだろう。このように環境が突然変化し、それが危険な方向への変化であれば、わたしたちは迅速に何らかの対応をしなければならない。そんな時には通常のホメオスタシス調整過程では間に合わず、いつものように何をするでもなくゆったり構え、事態が魔法のように正常状態へ戻るのを待っていたのでは、急を要する重大な問題には対処できない。とにかく緊急事態に何とか対応をしなければならない。そんな時にストレスを利用するのである。ストレスとは、そもそも危険に対処するために進化した生化学的反応であり、わたしたちにとって非常に有益なものなのである。

闘争か逃走か

わたしたちの身体は命が脅かされるような恐ろしい状況に対して卓越した反応を示し、しかもその反応は意識的な制御の完全な外部で生じる。自然に小便が漏れ、顔は青ざめ、身体が震え始めるといった不快な副作用はあるものの、この反応が命を救ってくれる。これを「急性ストレス反応」と言い、一般には闘争か逃走か反応とも言う。要するにわたしたちの身体が闘争か逃走に備えて興奮するのである。しかし興奮するというだけではその内容を説明できるわけもなく、さらに深く調べる必要がある複雑な反応で、この闘争か逃走か反応の機能する仕組みがわかってくれば、現代世界におけるストレス反応に関わる健康問題もはっきり見えてくるようになるだろう。

　ストレスは脳で始まる。脳は複雑で、多くの領域に分かれた多様な構造が相互に接続している。比較的よく知られている構造として小脳や海馬、大脳皮質があるが、小脳扁桃（扁桃とはアーモンドのこと。形状がアーモンドに似ていることから。英語の amygdala もアーモンドを意味するギリシャ語に由来）という構造が脳の深部の左右にあることはあまり知られていない。小脳扁桃には幸福感や悲しみ、不安、恐怖といった感情と密接に関連する神経細胞が集中している。感覚情報、特に耳や目、接触による感覚は非常に迅速にしかも意識が介入することなく処理される。脅威を知覚すると、小脳扁桃は一連の特別で複雑な反応を起こし、それが次々と全身に伝わっていく。この反応は「われわれは攻撃されている！」という神経信号が小脳扁桃から脳の別の領域、視床下部へ送られることで始まる。

視床下部はものごとを考えるという点では大きな役割は果たしていないが、化学伝達物質であるホルモンと脳をつなぐ役割を果たす。ホルモンは血流に乗って循環し、体内の多くの機能を制御している。恐怖を覚えれば、視床下部はフル回転し交感神経系を活性化する。無意識に作動する交感神経系の主な仕事は、闘争か逃走か反応の調整にある。視床下部から刺激を受けると、わたしたちの身体には緊張が走り、動きは加速し、警戒するようになる。こうした反応は危険が差し迫った場合に極めて重要な反応だ。この反応によって危険に立ち向かって闘うか、あるいは最善の策として逃走するための態勢を整える。

視床下部はスーパーヒーロー・モードを活性化する一方で、消化器系で食物を移動させている筋肉の動きを止め（差し迫った救命作業に関わらない部分に余計なエネルギーは使えない）、血管を収縮させる（その結果、顔色が青ざめる）信号を送る。同時に神経信号が副腎を刺激する。副腎は腎臓の上に載っているピラミッド形の器官だ。副腎は刺激されるとすぐにアドレナリンとノルアドレナリンの生産を開始する（一刻を争うためミリ秒単位で反応する）。この二種類の「ストレスホルモン」によって、何より心拍数と血圧が急上昇する。ホルモンは、思春期や性欲、月経周期との関係が意識されるせいか、ホルモンの伝達速度は遅く、神経信号の伝達速度の方が速いというイメージがある。その理解は一般的には正しいのだが（神経信号が身体中を伝わる速度は化学物質が身体を循環する速度よりずっと大きい）、空間的距離が短ければ内分泌系の循環もかなりの速度になるのである。

視床下部はさらに脳下垂体にも信号を送り副腎皮質刺激ホルモン（ＡＣＴＨ）を放出するように指示する。このホルモンも血流に乗って急速に伝わって副腎をさらに刺激し、この追加的な刺激によって副腎は目が回るほど様々なホルモンを放出するようになるが、そのひとつが本章でたびたびお目にかかることになる「コルチゾール」だ。こうしてホルモン分泌が猛烈に活性化する目的はひとつ、身体を刺激して命に関わる切迫した状況から脱出できるようにすることだ。トラが藪から飛び出すのに気付けば、必ず身体にこうした大きな変化が起きる。それは緊急事態から脱出し生存の可能性が開けるように進化してきたためだ。神経系と内分泌（ホルモン生成）系によるこの驚異的で複雑な相互作用のおかげで、わたしたちの祖先は危機を生き抜き子孫を残し、次々と命をつないで現在のわたしたちに至っていると言ってもいいだろう。こうしたストレスのおかげで確かに命の連鎖を非常に長くすることができている。アドレナリンとそれに類似したホルモンによって媒介されるいくつかの闘争か逃走か反応は極めて幅広い種類の動物で確認でき、人類の進化系統とは異なる爬虫類や両生類、軟体動物や昆虫などの無脊椎動物にも見られることから、[2]

ストレス反応は動物界にかなり遍在するものと考えられる。

ストレスの有害な作用

科学的にも医学的にも正確な意味を持つ用語が、日常生活では様々な意味で利用されていて、そのことが科学者にとってもそうではない一般の人にとっても、大きな問題になっている。そのよい例が理論というまったく問題ないように思える言葉だ。日常の会話では確信がなく推測に過ぎないことや、日常世界に翻訳しづらい学問的概念といった抽象的な意味で用いられる。だから「理論上」と言えば馬鹿にするような面もあって、単純過ぎて現実には使い物にならない机上の空論といった意味でも用いられる。一方、科学の世界では日常会話とは正反対だ。理論とは経験に基づく強靭な説明枠組みのことで、しっかりとした裏付けがあり相互に関連した一連の原理に基づいている。この用語が特に進化の文脈で用いられると、かなり問題になる。現代生物学の基礎を覆そうとする人たちは傍観する立場に身を置きながら、主流の生物学は「ひとつの理論に過ぎない」と主張することで、彼らの頑なな信念を否定する膨大な証拠をなんとか打ち消そうとするからだ。同じようにストレスも、危険に対する生物医学的な神経ホルモン反応を遥かに超えて、いろいろな意味に用いられる。橋桁などの材料に外力がかかった時に生じる応力《ストレス》（「ひずみ」という言葉にも医学的な意味と日常的な意味がある）と明瞭な類似性があることから、医学用語に取り入れられたのがはじまりだ。これはストレス反応に関わる生化学経路が決定される以前、まだストレスが生物医学的に正確に定義されていなかったころだが、すでに医師たちは生活上の圧力が健康に影響することにはっきり気付いていた。一九一八年のアメリカン・レビュー・オブ・チューバーキュロシスに「肺結核の進展に対する心因作用の影響」という素晴らしいタイトルの論文を発表したのは日本人医学者の石神亨だった［出版は没後だった］。この論文で石神は無理を強いる教育制度に対する不安（石神が「心因作用」と呼び、現在はストレスと呼んでいるもの）が、若い肺結核患者の高い死亡率の原因となっていると結論づけた。つまり肺結核の子どもは結核で死ぬのではなく、まずストレスの大きい日本の教育システムが基盤にあって、それを何とか乗り切ろうと頑張っている子どもが肺結核にさらに追い打ちをかけられて死ぬというのである。[3] この驚くべき結論は、教育政策に関心のある者にとって現実的な警告であり、決して空想世界の問題ではなかった。石神は時代に先んじた総合的かつ学際的な研究で、モルモット、ウサギそしてネズミに関する実験研究と日本の結核に関する疫学的データを、ウォルター・キャノンが展開していた研究に結びつけた。キャノンはホメオスタシスという言葉を作り、「闘争か逃走か」という表現も生み出した科学者だ。そんなキャノンによるストレス反応の生化学に関する初期の研究と石神自身の発見を結びつけ、石神はストレスの健康への影響を裏付け、その全貌をつかみはじめていた。石神は次世紀へも続く探究へと乗り出したのである。

ストレス反応の有害な症状には急性と慢性がある。アテネ地震での急性ストレスの影響に関する研究についてはすでに見てきた。感情的、身体的ストレスが引き金となって、突然ストレスホルモンが津波のように全身を襲い心拍数と血圧が上昇し、心臓が健康な場合なら、こうした変化が闘争か逃走のための能力を増強することになる。もちろん、多くの人にとっては有益な反応なのだが、冠状動脈性心疾患（心筋に供給する血液の流れが悪くなる）など心臓に影響する基礎疾患のある人たちの場合は、強いストレスによって突然心臓に負担がかかれば命に関わる。そのため今では通常の禁煙、健康的な食事、適度な飲酒そして運動の「四つの心がけ」に加え、一〇年前でも医師はストレスの問題に配慮し病院が建ち並ぶハーレーストリートより田園地帯のグラストンベリーでの生活を勧めただろう。そして「ストレスを感じるとわかっている状況を避ける」とともに、たとえば「静かな時間、瞑想、祈り、読書、ヨガそして気晴らしがストレス管理に有効だ」と指導する。[4]

典型的な現代的生活

生活の多くの場面で慢性的にストレスに曝《さら》されていることを理解するには、典型的な現代的生活の姿を客観的に見つめ直してみなければならない。特に現代的と分類できる生活の側面を具体的に調査し、それらが二十一世紀のライフスタイルと過去の進化的環境の間の不適合という議論に結びつくのかどうかを考える必要がある。

生活のパターンは様々なので、典型的な現代的生活を定義するのは簡単ではない。それでも大づかみに多くの人々に共通する要素はいくつか目にとまるので、それらを集めれば現代の典型的な一日を構成でき、そこにはわたしの親の世代でさえ問題になり得なかったストレッサーが少なくともいくつかは見えてくるはずだ。過去に戻ることはできないため、ここでちょっとした問題が起きる。典型的な現代的生活と比較する適当な集団が必要だからだ。すぐに思いつくのは（確かに、すでに第二章と第三章でこの魅惑につかまった）現存する狩猟採集民族を比較対象集団とすることだ。いくつかの観点からは健全なアプローチと言えるが、これらの集団が約一万二〇〇〇年前の現世人類を代表していると想定するのは間違いだ。たとえばナミビアのサン族はまさに現世人類であって、前現代的で素朴なライフスタイルの典型ではあるとしても、だからといってサン族が現世人類以前の人類のライフスタイルを代表していることにはならない。だからこうした比較はかえって議論がこんがらがってしまう。まあたいていそうなってしまうのだけれど、このあとでわたしが現代的なライフスタイルについて分析してみせるように、誰もがやっかいだと思うこの問題もたいてい簡単に回避できる。現代のマイクロストレッサーの多くは、現代以前のライフスタイルには存在しなかった（あるいは現在も存在しない）テクノロジーの直接あるいは間接的な結果であって、そのライフスタイルそのものが現存するものか（サン族のライフスタイル）一万二〇〇〇年前のものかは関係ないのである。このことが混乱を回避する魔法の切り札になる。

現代的生活のストレスを見極めるため、男性と女性の違いはひとくくりにして人間のライフスタイルとして捉えることにする。こうすることに問題があることはわかっているが、性別の他にも年齢、居住地、生い立ち、職業など他の多くの因子の影響もある。すべての人の生活を詳細に調べあげるとなれば、それこそ研究者がストレス過多になってしまう。

こうしたことに注意しながら、二十一世紀の典型的な現代的ライフスタイルの一日を描き出してみよう。読者の生活がここで示すものと異なるとしても、もちろんそうであることをわたしも願っているのだが、その場合は運にも手伝ってもらって、これから展開する内容を少しは理解してもらえるだろう。

午前六時三〇分。アラームが鳴る三〇分前に目が覚めた。スマートフォンに夜間アップデートがあった場合、その後の再起動でアラーム設定が消去されるのが心配だったからだ。昨晩一〇〇パーセント充電したはずだが、ひょっとするとスマートフォンがバッテリー切れになっているかもしれない。スマートフォンを一晩中電源に差し込んだままにしておくべきか悩む。差し込んだままにすれば小さいとはいえ火災のリスクがあるし、昨日途中まで読んだバッテリーの寿命に関わるメモリー効果とやらの難しい問題もありそうだ。通知音や呼び出し音のボリュームを下げたらアラームの音も小さくなってしまうのではないかと気になる。そんな調子で昨晩なかなか寝付けなかったのが嘘のように、今頃になってスッと深い眠りに落ちる。

午前七時。うるさいアラーム音で目が覚める。電話番号をうまく押せない夢を見ていた。結局まだうつらうつらしている脳にはあまりに不愉快で、まともに状況が理解できない。

「どのくらい寝たのだろう。睡眠時間は十分だったのだろうか。最新のフェイスブックの投稿では七時間から八時間が推奨されていたけれど、そういえば一分後にはフェイスブックをチェックしないと……」

午前七時一分。スマートフォンを起こす。それから一五分はしょぼしょぼしながら映画『スター・ウォーズ』のベスト作品について語る友人グループからのワッツアップ・メッセンジャー七八件のメッセージをスクロールして、ソーシャルメディアの通知を見てリアルには会ったこともない誰かの誕生日を確認し、BBCの人気の記事(Most Read)をチェックする。どうやらハリケーンがあってどこだか聞いたこともない土地で何百人も死亡したらしい。行ったこともない町の知らない家では火事があって死者が出たらしい。それから、見たこともない「やらせのリアリティ番組」(なんだそりゃ?)に出演していて有名らしい聞いたこともない有名人が、これまた見たこともない別のリアリティ番組の誰かと肉体関係があることで有名らしい聞いたこともない誰かと離婚したようだ。世界の状況に絶望してツイートしたが入力文字を間違えた。本当は「世界は薄っぺらで皮相的だ」とツイートするつもりだったが、「シカはのっぺらで悲愴的だ」となってしまった。間違ったところだけ直せばいいようにそのツイートを一旦コピーしてから削除し、それから再投稿しようとしたがうまくできず三度目にやっと修正したツイートを投稿できた。それでもまだ誤字があった。

午前七時二〇分。子どもたちが起きた。さて読者にはお子さんがいるだろうか。いらっしゃるならあるあるだろうし、いなければピンとこないかもしれない。もちろん子どもがいなければいないで社会からかなりのストレスを受ける。今のところ子どもを持つことが全員の義務のように見なされているからだ。どうして子どもを作らないの。子どもは欲しいんでしょ。どうして欲しくないの。努力しているの。亜鉛はちゃんと摂ってるの。子どもを作らないのは無欲だから。それとも利己的だから。まったくこうしたいびりは止むことがない。

午前七時二〇分〜八時三〇分。恐ろしいほどぼんやりしながら朝食をとっている間も心配は絶えない。ボールに入れたシリアルは糖分が多過ぎじゃないだろうか、栄養が不足しているかもしれない、買ってきた超安売りのミルクは農家の生活を破壊していないか、今食べているパンは環境を苦境におとしめ六番目の大絶滅に貢献しているのではないか、朝の希望の光である一杯の淹れ立てのコーヒーでがんになるのではないか。さっそくスマートフォンでコーヒーとがんに関する最新情報をチェックする。読者にはそんな心配がないよう願っている。子どもの髪をとかしてやるが、とかす方もとかされる方もひどい目に遭う。遅刻しそうで、出かけようとした時、歯を磨いていなかったことに気が付く。虫歯にならないように、そしていつまでも子どもたちの笑顔が台なしにならないように、大急ぎで歯磨きをする合図を出す。

八時三五分。車まで走る。燃費は悪いが（もちろん気候変動の原因となる）数キロ走るくらいなら問題ないだろう。変な音がするけど、カーラジオをつけて聞こえないようにする。ハリケーンの詳細情報が入ってくる。死者数千人。大変だろうな。

八時四〇分。後部座席の実に賢い子どもたちが今日は世界ソーセージデーだと教えてくれる。学校で「ソーセージのような格好」の服を着る日で、学童の親全員に一週間前に電子掲示版で連絡があったらしいが、もちろんそんなことは初耳だ。なんてこった。それから慈善募金として全員お金を用意していかなければならない。もちろんみんなそれに従う。なぜなら税金や支援する慈善事業に寄付するだけでは十分ではないからだ。あなたは必ずしも同意できないような慈善事業にも寄付しなければならないのである。そうすれば子どもたちは行事に参加できる。あなたは正直なところ、そんな行事が子どもの教育に役立つとは思っていない。おわかりだと思うが、内的独白のように始まった語りが、いつの間にか他人事のような二人称になっている。事態に気付くと子どもたちは不安になり始める。

八時四五分。車のトランクに突っ込んであったガラクタで仮装用品一揃いをなんとか間に合わせる。適当万歳だ。同じようにぼんやりしている集金係をごまかして規定の寄付金に足りているようにみせるため小銭をかき集める。海外の硬貨二枚とリクライニングシートかなにかのワッシャーひとつをのぞくと、本当は七ペンス足りない。

八時五〇分。子どもを学校で降ろす。正確だがたいそう攻撃的な運転とコンマ何秒でドアを開く正確さが要求される厳しい作戦だ。気の小さい人向きではない。

八時五五分。燃料ランプが点いた。ガソリンスタンドへ寄る。注意書きは無視してスマートフォンのメールをチェックしながらスタンドの従業員にジェスチャーで知らせる。すると従業員はあなたを見ながら、あなたを見ないという信じられない技を使い、前の客のガソリンポンプの設定をリセットする。ようやく満タンになる。するとガソリンの他にも買い物をしてもらおうと従業員が提案する徐々に絶望的になる三つの申し出を断る。そのうちのふたつがテーブルの天板くらいはありそうな板チョコと、使えば一回で壊れるマルチツールだ。

九時。メールの受信通知がなり始める。

九時三〇分。職場に到着。一時間半はほぼメールへの返信で、神話的とも言える受信箱〇通を達成する無駄な作業に徹する。メールは徐々に自分で自分の首を絞めるようなもので、メールの受信を止める唯一の方法は自分から送信しなければいいことにようやく気付く。とは言え、あなたはメールを送信し続ける。

一一時。何の意味もない会議に出席。あなたは議事録をとって、数時間を無駄にする。

一三時。何の結論も出ないまま会議が終わる。あなたは社員食堂ですべてのサンドイッチのカロリーをチェックし、シンプルなハムとチーズのサンドイッチにする。原価の二〇倍以上も払っていることに気付き意気消沈し、自分で弁当を作る誓いを立てるが、決して日の目を見ることのない誓いであることはわかっている。

一三時三〇分。こっそり隣の公園に出て、主に花や樹木の美しい画像を集めている自分のインスタグラム用の画像を撮る。なぜだかわからないが、誰かが「いいね」をしてくれるたびに少しだけ気分がよくなる。

一三時四〇分。素敵な画像を #nofilter のハッシュタグを付けて投稿。ブラブラと職場に戻るとすでに通知が届いていた。

一四時。学校から電話。子どもが吐いた。なんてこった。

一四時四五分。学校に到着する。子どもには授業が終わるまで吐くのをこらえていてもらいたかった。そうすれば、足かけ四八時間分のベビーシッターを頼まずにすんだのだが、あなたはこれからベビーシッターを探さなければならない。わずかにゲロ臭が残る子どもといっしょに駐車場の中を残りの子どもたちが来るまでうろついた。

一五時一七分。こんどは二番目の子どもが、ゲロ臭に反応して車中で吐いた。二番目の子が吐く音を聞いて三番目の子も吐く。あなたは困ったことになった。なんとかしなければならない。理想を言えば漂白剤と厚手の手袋を使うところだが、現実的に車の後部座席の内部や下部からかなりのゲロを取り除くのは物理的に不可能だ。自宅の庭にジュラシック・パークを再現する方が簡単だろう。

一六時。テキストメッセージが着信。毎月支払うことになっているはずの自動車損害保険料金のことで、未納なため二四時間以内に口座引き落としを設定しなければ保険なしで運転することになるというお知らせ。

一六時三〇分　ようやく口座引き落としを設定ということで保険会社と連絡がとれた。すぐにチキンナゲットとポテトチップスに豆という恥ずべき夕食を準備し、見せかけの健康食と子育て上手を装う。あなたは料理しながらフェイスブックの投稿をいくつか流し見して、誰かとツイッターでやり合う。仕事関係のメール三本に返信し、二日間在宅で仕事をするための打ち合わせをする。今週誰かに余分な仕事が回ることの軽い罪悪感と仕事が山積みになる週末の不安に対処する。

一七時。どうやらテレビの契約が切れたらしい。古いバンクカードをなくした時に再発行した新カードはカード番号が異なっていて、自動支払いが一切できなくなっていたのだ。それでも手続きに九〇分かかるだけだ。

一八時三〇分。ベッドタイム開始。朝食の逆のようなものだが、疲れてぐずる子どもと腹ぺこで不機嫌な大人という身震いするような状況が加わる。ポケットの中ではインスタグラムやらツイッター、フェイスブック、ワッツアップの通知でひっきりなしにスマホがブルブルしている。その間にも一週間をやりくりするための電話を二件し忘れていたことに気付く。

二〇時。疲労困憊で夕食の支度はしたくないので、テイクアウト店に行くが、そのお手軽気分も金銭面と健康面での罪悪感で帳消しになる。テレビを見ながら出来合いの食べ物を流し込みつつ、インターネットで今見ているテレビ番組のウェブページを読んで「そうか、この人は『グッド・ワイフ』に出たんだ」とうなずく。作家がおそらく意図しているような話の流れについていけず、イライラ感が募る。

二三時三〇分。就寝。もう八時間睡眠はあきらめた。スマホの通知を切り忘れる。

午前二時。あなたとは無関係なチャット通知が立て続けに鳴って起こされる。同じバーにいる人たちのグループのチャットだが、タイムゾーンがあなたとは異なる。

今示した典型的な一日は少し大げさに思われるかもしれないが、実はこの一日の大部分は自叙伝的なところもあって、わたしが経験した日常からそれほどかけ離れた話ではない。しかし、襲撃してくる捕食者や自然災害による切迫した死の恐怖と比べれば取るに足りないとしても、わたしたちの祖先が日常的なストレスの影響を大して受けなかったとは言えないだろう。農業の進化と都心部への人口集中によって潜在的ストレスが生まれ、増幅もしただろうから、祖先も現代といいいいい同じような悩みを感じるようになっただろう。難しい人間関係や家族関係、社会的関係は最近現れてきた問題ではなく、祖先たちの時代にも集中型の都会生活によって確かに悪化していただろう。だから潜在的なストレスが大きい社会的状況にうまく対処する能力があれば、わたしたちの祖先にとっても確かに有利だったはずだ。霊長類の研究から、社会的状況をうまく渡りぬく能力は霊長類の脳に特徴的なもので、現世人類の進化よりずっと前に生まれた能力であることが示されている。同じように罪悪感や羞恥心、不安感（その多くは短期的なもの）は現代的な感情であるとか、あるいは他人や自分自身の期待の重さを感じることは初期の人類の感情パレットには存在しないとする仮定には根拠がないし、こうした感情は狩猟採集のライフスタイルから都市国家や生産、文明に重点を置くライフスタイルへ発展するにつれて育まれ、少なくとも日常生活で大きな意味を持つようになったと想定することにもまったく根拠がない。

現代世界の特徴

現代的なライフスタイルの際立った特徴は、毎日ほぼ不断に繰り返される一連のマイクロストレスの存在だ。こうした状況はごく最近見られるようになり、中にはこの五年から一〇年の間に現れたものもあることは間違いない（たとえばソーシャルメディアやスマホ依存症によるストレス）。生理学的ストレスは、先にも見たようにホルモン系と神経系による反応メカニズムの結果として定義され、闘争か逃走をしなければならない事態に対処する手段として進化した。アドレナリンの噴出と血圧と心拍数の上昇は、ベリーを採集している最中や狩猟の最終段階で足を踏み外した時には好都合だが、上司からの無理筋なメールへの反応としては、明らかに過剰反応だ。ところが、わたしたちの基本的な生物学的仕組みにとってはその違いがまったくわからないため、ストレスを感じやすい場合、途切れることなくストレス反応に曝されることになる。テクノロジーによりわたしたちの環境は猛烈な勢いで変化し、社会（たとえば型どおりの契約規則）や進化による対応では追いつけなくなっている。その結果、わたしたちの生理機能と環境の間の不適合はリラグゼーション・サロンやスパ・リゾートの経営者にはありがたいニュースでも、わたしたちの健康にはありがたくないニュースなのである。

慢性的ストレスの蓄積効果については多くの文献がある。日常生活の中でストレスの高い状況が長引くか繰り返され、しかもそうした状況を自分では実質的にコントロールできない（あるいは実際にできない）とすると、ストレス反応が活性化しストレス関連のホルモンが放出される。身体のホメオスタシスを維持する（そうすることでダメージを回避する）ための肯定的なストレスホルモンの生産を「アロスタシス」と言う。こうしたバランスのとれたホルモン分泌とは対照的に、高水準のホルモン分泌が長期に及ぶと心身が消耗することになり、これを「アロスタティック負荷」と呼ぶ。わたしたちの総アロスタティック負荷は、現代的なライフスタイルのせいで悪化する慢性ストレスにより、心臓血管や代謝、免疫、内分泌（ホルモンの）そして神経など様々な系に蓄積するひずみの合計だ。つまりストレスそのものは疾病ではないが、それが持続すれば深刻な疾病の原因となる。ストレスホルモンが慢性的に存在することで多くの身体システムに機能不全が生じ、高血圧やその後の心臓障害、糖尿病、関節リウマチ、免疫システムの機能低下そしてメンタルヘルスなどの疾病にかかりやすくなるからだ。

ストレスとメンタルヘルス

うつや不安、その他の障害の増加によるメンタルヘルスの悪化は、最近五年間で見られる重要な健康問題のひとつとなっている。[5] イギリスでは、英国国立医療技術評価機構（NICE）が一般的なメンタルヘルス障害としてうつ病、全般性不安障害、社交不安症、強迫性障害、心的外傷後ストレス障害（PTSD）を挙げている。さらにこれらの障害のほとんどは患者数及び有病率が急増している。たとえば全般性不安障害の有病率は二〇〇七年には四・四パーセントだったものが二〇一四年には五・九パーセントに上昇し、うつ病は二・三パーセントから三・三パーセントに、強迫性障害の場合一・一パーセントから一・三パーセントに増加している。イギリスの人口六五〇〇万人に対して、慢性ストレスが引き金となり、劇的に悪化する症状に苦しむ患者が数百万人にのぼることになる。

もちろん、特定の疾患の明確な増加は、疾患が患者にも医師にも幅広く認知されるようになり、患者はよく知られるようになった疾患と自分の症状が似ていることについて医師の診断を受けることが多くなり、医師もメンタルヘルス障害と診断する機会が多くなったためでもあるだろう。こうした診断機会の増加による有病率の増加のせいで近年特に多くなるとみられているのがメンタルヘルス障害だ。イギリスでは最近このメンタルヘルスの重要性を国民全体が認識する経験をしたことで、報道もこれまで以上にこの話題について深く幅広く伝えるようになった。たとえばウィリアム王子とハリー王子が母親を死というかたちで失った気持ちを率直に公表し、その経験をメンタルヘルスの問題として表現したことで、人生を送る上でプレッシャーとストレスが深刻な問題を引き起こすのだとわたしたちもしっかり認識できるようになったと思う。同じように有名人の影響を背景としてメンタルヘルス問題に気付かされる例としては、アメリカではアリアナ・グランデやジャスティン・ビーバー、レディー・ガガらがメンタルヘルスのプレッシャーについて公表するようになったことが挙げられる。

メンタルヘルス問題に対する意識が高まり率直に向き合えるようになった社会的背景は、疾病のトレンドを解釈する時に問題になる。しかし綿密な計画としっかり管理された研究であれば、別のセクターの集団と比較することで増加の原因となる様々な要因を解きほぐしてゆくことは可能だ。たとえばアメリカでのうつ病の有病率とその薬物乱用との関連性の調査によれば、うつ病は一九九二年から二〇〇二年の間に三・三パーセントから七・一パーセントへと二倍以上増加した。この研究の体系的なアプローチにより、年齢に関係なく有意な増加がみられ、白人、黒人あるいはヒスパニックによる違いもなかったことが示された。この研究の当初の仮説は、うつ病の増加が薬物乱用と関連するというもので、その仮説を裏付けたのは一八歳から二九歳までの黒人男性のみだった。メディア・キャンペーンと抗うつ薬の宣伝により、うつ病の認知が向上したことで全体的な有病率の増加をもたらした可能性についてはこの研究者らも十分承知していた。彼らが指摘するように「メディア・キャンペーンは二度の調査の間に始まったが、このような一般的な要因はこの研究で見られる広範に及ぶ増加傾向とは矛盾しない」のである。いずれにせよこの研究の全体的結論は、うつ病の有病率は増加していて、この増加が続くとすれば、公衆衛生と保健医療に深刻な影響を及ぼす可能性があるとしている。この総括的結論は、うつ病と不安障害の疫学に関する膨大な研究でも「これらの障害は増加していて、問題である」と繰り返し指摘されている。さらに科学論文でも、イギリスのNHSやアメリカのメイヨー・クリニックのような評判のいい健康諮問機関のウェブページでも、全般的に同意見のようで、ライフスタイルによるストレスが重要な要因としている。

多くの権威筋が、メンタルヘルスの問題の増加とその原因について、同じ結論に達してはいるものの、うつ病や不安症のような障害を医師に診てもらう傾向と、医師がそう診断する傾向の増加の影響を見ている可能性は依然として捨てきれない。人間として正常な悲しみと言っていいような症状までうつ病と診断してしまう傾向について追究しているのがアラン・ホロヴィッツとジェローム・ウェイクフィールドの共著『気分が落ち込んだら病気？：人間の悲しみという正常な反応をうつ病にしてしまう精神医学（The Loss of Sadness: How Psychiatry Transformed Normal Sorrow into Depressive Disorder）』だ。[6] 著者らは、うつ病の境界と、うつ病と診断するために参照する診断基準が、アメリカ精神医学会の極めて影響力のある『精神障害の診断と統計マニュアル（Diagnostic and Statistical Manual）』においてメンタルヘルス障害の分類を潜在的な原因に基づく分類から症状に基づく分類法へ転換した一九八〇年以降、大きく緩められたと論じる。ホロヴィッツとウェイクフィールドは、これによってうつ病の定義はいっそう包括的なものとなり、正常な悲しみや短期的な不幸感は、人間にとって正常な経験と見なされるものだが、そうした症状も臨床的うつ病にしてしまうことになったと述べている。こうした解釈によって世界中で見られるうつ病（やその他の疾患）の増加の一部は説明できるだろうが、現代的なライフスタイルとストレス、それに続くメンタルヘルス障害との関連性については幅広い裏付けがあり、近年のメンタルヘルスに関する重要な知見となっている。[7]

感情の進化

ストレスがメンタルヘルスにおいて決定的な要因であることはわかったとしても、それが進化的不適合が原因であるとする証拠を固めるには、進化の観点からの議論も考慮しなければならない。こうした議論の口火を切ってもらうにはチャールズ・ダーウィンに登場願うのが一番だ。ダーウィンは人間の感情、そして特に感情に伴う表情が進化的形質で、選択に応じて時間とともに適応してきたことを初めて示唆した。そしてダーウィンにはよくあることだが、その後の研究によってこうしたダーウィンの考えが正しいことが確認された。すでに見てきたように、わたしたちの身体的、生理学的な進化において特に栄養面では農業的環境の発展が重要だった。そして農業の発展は生理的にも心理的にもストレス反応を形成する役割も果たしてきたはずだ。罪悪感や羞恥心、不安感（ますます現代的ライフスタイルのストレスと関連するようになっている）の進化に関して最近注目されている仮説がある。こうした感情は協力と、人間を世界の支配的存在とした攻撃が結びつく中で進化したとする説だ（現代及び過去の生活における暴力の役割については第七章でさらに詳しく述べる）。この理論はピーター・ブレギンが発展させたもので、社会的に結束した集団という初期の進化と暴力性が強力に結びつき、相手を破滅させずに共存する道を極端に難しくしたとする。[8] そしてその解決策として、家族や近い親類関係の間での攻撃的な自己主張を抑える感情の自制が進化した。こうして罪悪感、不安感そして羞恥心はわたしたちの暴力性を抑えるメカニズムとして進化したのかもしれない。こうした感情がかつては有益であったことは間違いないが、暴力に対する感情の自制という進化が今では抑圧となり、現代世界では罪悪感、羞恥心、そして特に不安感によって社会的にも精神的にも拘束されるようになっている。多くの場合、不安の原因はストレスで、慢性ストレスが原因となることが多いが、急性ストレスによる場合もある。特に不安感は、全般性不安障害やパニック障害、強迫性障害（ＯＣＤ）そして心的外傷後ストレス障害（ＰＴＳＤ）など広く認知されている多様な障害のまぎれもない生態系を創出している。[9]

こうしたストレスと不安症の関連は心的外傷後ストレス障害（ＰＴＳＤ）という病名に非常にはっきりと表れているが、すべての不安症が（ついでに言えばすべてのうつ病が）現代的なライフスタイルによって課されるストレスの結果というわけではない。不安障害の発症には多くの理由があり、うつ病の複雑な側面について、その原因（第四章で議論したように、腸内バクテリアと関連している可能性もある）そして治療法についても理解の出発点に着いたばかりだ。それでも慢性ストレスによりストレスホルモンであるコルチゾールの分泌が増加し、セロトニンが減少することはわかっている。セロトニンはハッピー・ケミカルとも言われ、気分や不安感と密接に関連しているが、食欲や摂食行動、性行為など気分と関連する生物学的側面においても、複合的な役割を果たしている。従って、ストレスの生化学生産物と不安症やうつ病に関連する症状との間に非常に強力な結びつきがあることは確かだが、今はまだその正確な関係を突き止めている最中だ。

ストレスと関連して捉えられるようになってきた脳の疾患としては、他にアルツハイマー病と認知症がある。マウスを用いた研究で、現代的な生活に類似した感情的、物理的ストレスをマウスに加えると、記憶力が著しく低下し、アルツハイマー病のごく初期段階で見られる認知障害の悪化も現れることが示された。マウスでは説得力に欠けるというなら、人間のストレスと認知症に関する文献の主要なレビュー論文によれば、確かにストレスは認知症のリスクと関係しているが、数多く存在するリスク因子のひとつと結論づけられている。免疫系が認知症の発症に重要な役割を果たしていることはわかっていて、ストレスホルモンがその免疫系に影響を与えていることもわかっているのだから、ストレスが認知症に何らかの影響を及ぼしているとしてもおかしくないだろう。また生涯続く慢性ストレスと晩年の認知症との関連性の解明は一筋縄ではいかず、どんなに強力な科学的手法を使っても、生涯にわたるストレスを調査することは実質的に極めて難しい。それでも研究は現在も進行中で、認知症に焦点を当てた研究が行われ、特にアルツハイマー病について集中的に研究されていることから、近い将来そのリスクの大きさと基礎となるメカニズムがともに解明されることになるだろう。

もうひとつストレスに関わる健康上の問題として、当然気になってくるのががんとの関連だ。このような関連性は雑誌の見出しにはもってこいかもしれないが、科学的には支持されていない。王立がん研究基金はその証拠の評価について歯に衣着せず、率直かつ明確に「最も科学的な研究からストレスはがんのリスクを増加させないことがわかっている」と明言する。[10] 他の評者はさらに率直かつ大胆に、ストレスががんの原因になるとする主張は神話に過ぎないとして退ける。[11] いくつかの小規模研究では、たとえば乳がんや胃がん、大腸がんとの関連が示唆されたが、より大きな長期研究と複数の研究のメタ分析では、イギリスで最も多い四つのがん（大腸がん、肺がん、乳がん、前立腺がん）とストレスとの間には一切関係がないことが一貫して示された。飲酒や喫煙、貧弱な食生活そして運動不足（運動不足でストレスが増す場合もある）などストレスと関連する行動によって確かにがんを発症することもあるが、この場合のストレスとのつながりは間接的だ。直接的関係の証拠は今のところ見つかっていないことは、ある意味で安心だが、すでに学んだようにストレスのメカニズムとストレスが多くの身体システムに及ぼす影響を考えれば、意外でもある。ストレスホルモンの長期的分泌によりDNAが損傷し、DNAの修復の妨げとなり、免疫系は脆弱化し調節不全を起こす。こうした影響はどれもがんの発生と進行に関係する。だからと言って現段階でこうした因果関係の存在を主張するのは無茶で、説得力のある証拠もまだないのだが、今後数年の間にはストレスとがんの関連性（免疫系が介在する可能性が高い）についてさらに多くの研究が進められることになると確信している。わたしとしては王立がん研究基金が将来いつかウェブサイトの例の文章を書き換えざるを得なくなることに賭けたいところだが、今のところは証拠がないと言わざるを得ない。

対応の進化

慢性ストレスの問題と、その影響に関する理解をさらに難しくしているのが、慢性ストレスが原因となって多くの身体システムに生じる障害は年齢とともに増加するが、実際六〇歳前後になって増加が安定化することだ。これによって若い頃受けたストレスによる影響が、ずっと晩年になってから顕わになるという状況が生まれる。もちろん進化的観点からすれば、若い頃は健康だとしても、長期的には必ずしもよいニュースではない。若い頃の習慣的行動の否定的結果が子孫を残したあとに現れたとしても、そうした習慣が進化の選択によってはじかれることはないからだ。しかし、慢性ストレスが原因となるアルツハイマー病と心臓病は晩年まで顕わにならないとしても、その他にも多くの慢性ストレス症状があるので、かなり若い頃からも確実に生活の質や、おそらくは繁殖にも深刻な否定的影響を与えることになる。もし現代的な生活のストレスに対処する能力を遺伝的に持っていれば、若い頃に現れる性欲減退やうつ病、不眠症といった繁殖能力を間違いなく低下させる副作用のいくつかは回避できるだろう。このようなストレス免疫に極めて根本的な遺伝的基礎が存在すると仮定すれば（そうでなければそうした能力は進化しない）、最も活発な生殖期にストレスによって十分大きな否定的影響を受けたのであれば、ストレスにうまく対処できる生理機能の選択が進むはずだ。そしてこうした選択がすでに起きている可能性が証拠から示唆されている。

急性ストレスが心臓病などの遺伝的要因のある基礎疾患（アテネ地震の調査で見たように）を悪化させたり発症の原因となったりすることを見てきた。さらにストレスに対応する能力（あるいは対応できないこと）ともっと直接的な遺伝的関連性があるかもしれない。この関係の鍵となる遺伝子がカテコール—O—メチルトランスフェラーゼ、略してCOMTという酵素をコード化している遺伝子だ。COMTは神経伝達物質である化合物群カテコールアミンの分解に触媒として作用する。実はこのカテコールアミンはこれまでに何度か出てきている。というのもこの化合物群にはアドレナリンやノルアドレナリンそしてドーパミンが含まれるからだ。COMTの主な標的が脳内のドーパミンだ。COMTをコード化している遺伝子には自ずと遺伝コードにバリアントが生じる。ひとつのバリアントは、わたしたちの細胞内で遺伝子を翻訳してＣＯＭＴ酵素合成する時に一五八番の位置にあるべきアミノ酸のメチオニンを、バリンで置き換える。大したことではないと思うかもしれない。何らかのタンパク質を合成するアミノ酸配列の一部が奇妙なアミノ酸で置き換わっていても、タンパク質の機能にはほとんど差異が生じないこともある。しかしＣＯＭＴの一五八番の置換の場合その影響は、バリンとメチオニンの特性の違いと、その後これらのアミノ酸が酵素に異なる影響を及ぼすことで、非常に大きな機能上の差異を生み出している。バリン型ＣＯＭＴの場合、メチオニン型に比べ四倍以上効率的にドーパミンを分解するのである。[12]

ＣＯＭＴは脳の前頭前皮質で優先的に利用され、この部位で生じるドーパミン分解の六〇パーセントを占める。[13] 脳の最も前方にある前頭前皮質は、複雑な思考や計画、意思決定、社会的行動に関係し、パーソナリティとも重要な関わりがある。ＣＯＭＴバリアントによる効果の違いが表れるのもこの部分だ。ドーパミンの分泌水準が高い状態では（たとえばストレスの多い状況）、バリン型バリアントを持っていると身体がよく機能し痛みも感じにくい。このバリアントは、差し迫った死や痛みの脅威のようなストレッサーに直面しても能力を最大限に発揮できることが有利になるような、切迫した環境で特に役に立つだろう。結果として、このバリアントは戦士の遺伝型（warrior）として知られるようになった。バリン型とは対照的にメチオニン型を持つ人は記憶力と注意深さが要求される作業をうまくこなすことができ、闘士というより思索家といった特性を持つことになる。おそらく韻を踏むことと頭韻の心地よさからだろうが、メチオニン型バリアントは心配性の遺伝型（worrier）と言われる。[12] 闘士と思索家という表現ならそれほど侮辱された感じはしないが、心配性となると、ストレスの増加が不安症やさらに重篤な疾患にすぐにでも結びつきそうな感じがする。心配性の遺伝型の方が進化の順としては新しいようだ。その進化は、注意深さと記憶力を必要とする複雑な作業で最大限の能力を発揮することが、急襲して逃走するといった単純な戦略よりも、生存と繁殖にとって重要となる複雑な環境で選択されたことの反映と考えられる。両方のバリアントが残存していることは（遺伝子多型の例のひとつ）、どちらの形態も環境の状況次第で選択上の有利性が生じることを反映しているのだろう。ある時は戦士に、そしてまたある時には心配性になることが適していたと考えられる。

ストレスが次々と滴り落ちる現代では、ストレスに対処できれば健康上有利であることから、戦士の遺伝型が適しているように思われるかもしれないが、複雑な現代生活に対処するには心配性の遺伝型の方が適しているだろう。こうした心配性と戦士というシーソーのバランスを取るのは人間固有の課題のように思えるし、実際に最近までＣＯＭＴ１５８多型は人間にしか見られないと考えられていた。ところが最近の研究でこの多型が他の霊長類にも存在することが明らかになった。[13]アッサムモンキー（マカク属）は、攻撃的な社会的相互作用が多く見られる大きな集団を形成するサルだ。その攻撃性、順位そして遺伝的性質の研究から、個体がもつＣＯＭＴ遺伝子バリアントと、順位が高い場合に示す攻撃性の間に興味深い複雑なつながりがあることが示された。それはマカク属のサル社会における相互関係は戦士対心配性という形にまとめられるほど単純ではなく、ＣＯＭＴと人間がもつ幅広い意味での攻撃性との関連に関する研究でも、ほぼ同じような複雑性が見いだされている。特定の行動や状況に対する感受性の違いは、現在の環境条件や過去の環境そして遺伝子型と関係しているため、必ずしも容易には解きほぐせない関係がさらに複雑になっている。霊長類の中にも人間と同じ多型を持ち、攻撃性と社会的ストレスとの似たような関連性も持つ種が発見されたわけだが、人間に対しては実施できないような徹底的に管理された実験法で得られたものだ。当然だがこうした研究には倫理的に問題がある。

ストレスは癒やせるか

長期に及ぶ現代世界のストレスが健康に影響するとしても、ストレスが本質的には生化学的なものであるなら、たとえば最終的にコルチゾールを生産する生化学経路を単純に遮断することはできないのだろうか。こうした直接的な方法には興味をそそられるが、わたしたちのホルモン系は非常に複雑で、相互に接続し合っているため、こうした介入によって意図しない広範な影響を及ぼすという問題がある。たとえば副腎が正常に機能しなくなるか（アジソン病という欠乏症）、副腎にコルチゾール生産を促すホルモンを脳下垂体が生産できなくなると、コルチゾール欠乏に伴う一連の症状が生じる。確かにコルチゾールは慢性ストレスと疾患を仲介する主要な化合物のひとつだが、この化合物を生産しなければ健康になるというわけではない。まったく逆だ。コルチゾールが欠乏すれば疲労、めまい、体重減少、筋力低下、気分変動を起こし、コルチゾールを補給して治療しなければ命に関わることになる。

内分泌系は複雑な上、ストレス関連疾患との関連もある（ない場合もある）ため、単純に遮断する、といった介入は適切ではなく、予想通りストレスのある人への治療アドバイスは簡単ではない。イギリス国民保健サービス（ＮＨＳ）が実践的な問題解決法として示している方法も、実際にストレスを感じている人にとって、おそらくほとんど役に立たないだろう。ＮＨＳのウェブページでは「ストレスを撃退する一〇の提案」を掲げ、「人生に問題はつきものだが解決策が必ずある。状況を管理せず何もしないでいれば問題を悪化させるだけだ」というランカスター大学出身の労働衛生専門家キャリー・クーパー教授の言葉を掲載している［以下のウェブページを参照。https://www.nhs.uk/conditions/stress-anxiety-depression/reduce-stress/］。つまり自分自身の問題に取り組み解決しなさい、しっかりしなさいというわけだ。そうした意気込みを持つことに賛成しないわけではないが、崖っぷちにぶら下がっている状態で今にも落下しそうな人に向かって頑張れと叫ぶような感じとでも言えばいいのだろうか。もちろん悪い助言ではないのだが、その状況で特に役立つとも思えない。ストレスを撃退する一〇の方法はどれももっともらしいのだが（「自己管理する」、「他人を助ける」、「積極的になる」、「賢く働き無理をしない」、「活動的になる」など）、不安でしかたがなく、何をすることもできない状態では実際には不可能であり、ましてや「人とつながる」とか「意欲をかき立てる」などもってのほかだ。ＮＨＳのウェブページではその他にも呼吸法や時間管理法、さらに「休暇を取る」ことを推奨している。そうはいっても、不安症を患う人に休暇を取るようにアドバイスしたところで、それがうまくいく可能性は、その人に近い将来「次の月面探査ミッション」を計画するように指示するのと同じようなものだろう。様々な情報源からのアドバイスを全体的に手際よくまとめると、「できれば生涯ストレスの原因と闘うことが重要だ。それらに向き合わず問題を避けていれば、事態を悪化させることになりかねない。しかしストレスで溢れかえる状況をいつでも変えられるわけではない。そういう場合は状況を変えがたいことを受け入れ、あなたのエネルギーをどこか別の方面へ向けることも必要だろう」ということになる。問題は、言うのは簡単だが実行は難しいのが世の常ということだと思うのだが。

わたしたちの現在の生活様式はいろいろな面で健康に悪く、生活関連のストレスだけでもますます悪化しているという証拠は数多くある。特定の疾患の原因となる様々な要因をひもとくことは難しく、ストレスとそれらの疾患との関連を解明することも困難で、そしておそらくストレスの原因となる様々な要因を解きほぐすのは何より難しいのだが、ストレスが改善される気配は一向に見られない。これまでかなりの間、おそらく一〇〇〇年はそんな状況だったのだろう。人類史は一連の偉大な成果として見るのがお決まりのパターンで、そうした成果のひとつひとつが長寿につながり、安全で生産的な生活が実現され、文明として捉えられるようになった。従って現世人類の発達を振り返る場合にも、石器時代、青銅器時代、鉄器時代、農業の誕生、産業革命、医学の誕生、インターネットなど、技術的な成果を望遠レンズを通して見ていることになる。しかし、この同じ人類史を、医学は別として、生活にストレスが導入される機会の絶え間ない増加の歴史として見ることもできるのではないだろうか。『Ｍｒ．＆Ｍｒｓ．スパイ』は、隣人のことが気になってしかたがない平凡な夫婦が国際スパイ活動に巻き込まれてしまうコメディだが、ひょっとすると、他人とつい比較したくなる人間の歴史の第二幕という設定になるのかもしれない。たとえば初期の打製石器を製作した人たちは、人類の技術的進歩のまさにスタート地点にいたパイオニアだが、そんな彼らもやはり自分の作業を他人と比較してストレスや不安のようなものを感じていたはずだ。同じように、現代のサラリーマンでも、地元の都市国家に産物を供給して成功した初期の農民にしても、とにかく富を蓄積する能力を持つようになるとストレスが生まれるのだろう。しかし現代的な生活で際立っているのは、様々な潜在的ストレスの存在とその遍在性、さらにそのストレスを自分では遮断できないことにある。現代的生活は誰彼なしに機会平等にストレスを分け与えるが、その惨状から抜け出そうとする者もほとんどいないようだ。ストレスに対処することは確かに重要なのだが、苦悩する患者に対する最善のアドバイスが「自分のエネルギーを別のことに向けよう」というのでは、この問題に対する医学的、社会的な対応として相当に時代遅れであることは明らかだ。

人間のストレスの発生をもたらした技術的な発展として最も重要なのはインターネットの出現と、それにともなうモバイル・テクノロジーの台頭、その結果としての常時接続文化だ。鋭い知性と洗練された社会的技術の進化が、突如として現れたインターネットの世界的広がりと劇的に交差することにより、わたしたちの進化的遺産と現代世界との間に最も壮観で有害な不適合が生み出された。では次章でこの二十一世紀特有の問題に目を向けてみることにしよう。

（下巻に続く）

◆著者
アダム・ハート　(Adam Hart)
　昆虫学者、グロスターシャー大学科学コミュニケーション学部教授。BBCのRadio4レギュラー・キャスターで、『キリングジャーの中で（Inside the Killing Jar)』や『大物ライオン狩り（Big Game Theory)』、『アロザウルスを育てる（Raising Allosaurus)』、『アメリカミツバチを追って（On the Trail of the American Honeybee)』などのドキュメンタリー番組を担当。BBCワールドサービスの長寿ラジオ番組『サイエンス・イン・アクション（Science in Action)』でも案内役を務める。テレビではBBC4の『アリの世界：巣穴の生活（Planet Ant: Life Inside the Colony)』、BBC2の『アリ世界の日常（Life on Planet Ant)』『巣箱は生きている（Hive Alive)』などのドキュメンタリー・シリーズでナビゲーターを務める。
　100本以上の科学論文を発表。2015年に一般向け科学書『うんちの一生（The Life of Poo)』を著す。

◆訳者
柴田譲治（しばた　じょうじ）
1957年神奈川県生まれ。翻訳業。主な訳書にウェバー『エネルギーの物語』、シップマン『ヒトとイヌがネアンデルタール人を絶滅させた』、ロビンソン『図説地震と人間の歴史』（以上、原書房）、モンビオ『地球を冷ませ』、スズキ『生命の聖なるバランス』（以上、日本教文社）など。

目的《もくてき》に合《あ》わない進化《しんか》

進化《しんか》と心身《しんしん》のミスマッチはなぜ起《お》きる

上

●

2021 年 3 月 22 日　第 1 刷

著者……………アダム・ハート
訳者……………柴田 譲 治《しばた じょうじ》
装幀……………川島進
発行者……………成瀬雅人
発行所……………株式会社原書房
〒 160-0022 東京都新宿区新宿 1-25-13
電話・代表　03(3354)0685
http://www.harashobo.co.jp/
振替・00150-6-151594
印刷・製本……………シナノ印刷株式会社

ISBN978-4-562-05911-9, printed in Japan